中等职业学校计算机系列教材

zhongdeng zhiye xuexiao jisuanji xilie jiaocai

计算机图形图像处理
Photoshop CS 中文版
上机指导与练习

（第2版）

◎ 郭万军 魏国生 主编

◎ 孙昊 李辉 副主编

人民邮电出版社

北 京

图书在版编目（CIP）数据

计算机图形图像处理：Photoshop CS中文版上机指
导与练习 / 郭万军，魏国生主编. -- 2版. -- 北京：人
民邮电出版社，2011.10（2018.2重印）
　中等职业学校计算机系列教材
　ISBN 978-7-115-25066-7

　Ⅰ. ①计… Ⅱ. ①郭… ②魏… Ⅲ. ①图形软件，
Photoshop CS—中等专业学校—教材 Ⅳ. ①TP391.41

　中国版本图书馆CIP数据核字(2011)第141306号

内 容 提 要

　　本书是《计算机图形图像处理 Photoshop CS 中文版（第 2 版）》的配套教材，内容以操作为主，
重点培养学生的实际动手能力。全书共分 11 章，包括选择工具箱的使用，路径和矢量图形，文本的
输入与编辑，图层、通道和蒙版的概念及应用方法，图像的基本编辑和处理，图像颜色的调整方法，
滤镜及常用特殊效果的制作等部分的上机操作。本书给出了每个练习目的、练习内容、操作步骤和练
习总结，使学生能够明确每个练习需要掌握的知识点和操作方法。

　　本书可以作为中等职业学校"计算机图形图像处理"课程的上机训练教材，也可作为 Photoshop 初
学者的自学参考书。

◆　主　　编　郭万军　魏国生
　　副主编　孙　昊　李　辉
　　责任编辑　王　平
◆　人民邮电出版社出版发行　　北京市丰台区成寿寺路 11 号
　　邮编　100164　电子邮件　315@ptpress.com.cn
　　网址　http://www.ptpress.com.cn
　　固安县铭成印刷有限公司印刷
◆　开本：787×1092　1/16
　　印张：9.75　　　　　　　　　2011 年 10 月第 2 版
　　字数：237 千字　　　　　　　2018 年 2 月河北第 9 次印刷

ISBN 978-7-115-25066-7
定价：20.00 元
读者服务热线：(010)81055256　印装质量热线：(010)81055316
反盗版热线：(010)81055315
广告经营许可证：京东工商广登字 20170147 号

中等职业学校计算机系列教材编委会

主　　任：吴文虎

副 主 任：马　骎　　吴必尊　　吴玉琨　　吴甚其　　周察金

　　　　　梁金强

委　　员：陈　浩　　陈　勃　　陈禹甸　　陈健勇　　陈道波

　　　　　陈修齐　　戴文兵　　杜镇泉　　房志刚　　郭红彬

　　　　　郭长忠　　何长健　　侯穗萍　　胡爱毛　　龙天才

　　　　　刘玉山　　刘晓章　　刘载兴　　李　红　　李任春

　　　　　李智伟　　李　明　　李慧中　　刘　康　　赖伟忠

　　　　　李继锋　　卢广锋　　骆　刚　　梁铁旺　　刘新才

　　　　　林　光　　蒲少琴　　邱雨生　　任　毅　　石京学

　　　　　苏　清　　税启兵　　谭建伟　　王计多　　汪建华

　　　　　吴振峰　　武凤翔　　谢晓广　　杨清峰　　杨代行

　　　　　杨国新　　杨速章　　余汉丽　　张孝剑　　张　平

　　　　　张　霆　　张　琛　　张建华　　赵清臣　　周明义

　　　　　邹　铃

序

中等职业教育是我国职业教育的重要组成部分，中等职业教育的培养目标定位于具有综合职业能力，在生产、服务、技术和管理第一线工作的高素质的劳动者。

随着我国职业教育的发展，教育教学改革的不断深入，由国家教育部组织的中等职业教育新一轮教育教学改革已经开始。根据教育部颁布的《教育部关于进一步深化中等职业教育教学改革的若干意见》的文件精神，坚持以就业为导向、以学生为本的原则，针对中等职业学校计算机教学思路与方法的不断改革和创新，人民邮电出版社精心策划了《中等职业学校计算机系列教材》。

本套教材注重中职学校的授课情况及学生的认知特点，在内容上加大了与实际应用相结合案例的编写比例，突出基础知识、基本技能。为了满足不同学校的教学要求，本套教材中的3个系列，分别采用3种教学形式编写。

- 《中等职业学校计算机系列教材——项目教学》：采用项目任务的教学形式，目的是提高学生的学习兴趣，使学生在积极主动地解决问题的过程中掌握就业岗位技能。
- 《中等职业学校计算机系列教材——精品系列》：采用典型案例的教学形式，力求在理论知识"够用为度"的基础上，使学生学到实用的基础知识和技能。
- 《中等职业学校计算机系列教材——机房上课版》：采用机房上课的教学形式，内容体现在机房上课的教学组织特点，学生在边学边练中掌握实际技能。

在教材使用中有什么意见或建议，均可直接与我们联系，电子邮件地址是wangyana@ptpress.com.cn，wangping@ptpress.com.cn。

中等职业学校计算机系列教材编委会
2011 年 3 月

　　本书是《计算机图形图像处理 Photoshop CS 中文版（第 2 版）》的配套教材，以练习操作为主，通过大量的上机操作，使学生掌握 Photoshop CS 的基本操作方法和应用技巧。

　　教师一般可用 28 个课时来讲解《计算机图形图像处理 Photoshop CS 中文版（第 2 版）》的内容，然后配合本上机指导，再分配 44 个课时作为上机时间，则可顺利完成教学任务。总共需要约 72 个课时。

　　为了与《计算机图形图像处理 Photoshop CS 中文版（第 2 版）》一书的结构相对应，本书也是以章为基本写作单位，每章给出几个上机练习，并配以必要的操作步骤进行讲解，学生只要按照书上的步骤操作，就能够掌握每个实例包含的知识点和技巧。

　　每个练习由以下几个主要部分组成。

- 练习目的：罗列出本练习的主要内容，教师可用它作为简单的备课提纲，学生可通过"练习目的"对本练习的内容有一个大体的认识。
- 练习内容：给出本练习的最终制作效果。
- 操作步骤：给出本练习的必要操作步骤，使学生能够顺利完成上机操作练习的内容，做到关键步骤时，会及时提醒学生应注意的问题。
- 练习总结：在每个上机练习完成后，给出本练习的制作总结，使学生做到目的明确、心中有数。

本书由郭万军主编，孙昊、李辉副主编，参加本书编写工作的还有沈精虎、黄业清、宋一兵、谭雪松、向先波、冯辉、郭英文、计晓明、滕玲、董彩霞等。

　　由于编者水平有限，书中难免存在疏漏之处，敬请广大读者指正。

作者

2011 年 3 月

目 录

在应用 Photoshop 软件进行图像绘制或处理时，使用最为频繁的就是选区工具。在对图像进行局部处理时，利用选区可以有效地控制图像处理的范围。选区工具主要包括选框工具、套索工具和【魔棒】工具。

上机练习1 选框工具 和【多边形套索】工具

本练习将通过标志的制作来进一步熟练掌握【椭圆选框】工具、【多边形套索】工具和【矩形选框】工具的使用方法及应用技巧。

练习目的

- 掌握选框工具的使用方法与应用技巧。
- 掌握【多边形套索】工具的使用方法与应用技巧。
- 掌握选区的修剪运算。
- 掌握图形的重复复制方法。

练习内容

利用【椭圆选框】工具、【多边形套索】工具和选区的运用技巧设计如图 1-1 所示的标志图形（参见素材文件\练习内容图片\01）。

图1-1　设计制作的标志

操作步骤

(1) 启动 Photoshop CS，选择菜单栏中的【文件】/【新建】命令，在弹出的【新建】对话框中，设置文件的【高度】为 "20 厘米"、【宽度】为 "20 厘米"、【分辨率】为 "200 像素/英寸"、【颜色模式】为 "RGB 颜色"、【背景内容】为 "白色"，创建新文件。

(2) 将工具箱中的前景色设置为紫色（R:79,B:100），然后按 Alt+Delete 键为背景填充设置的前景色。

(3) 选择菜单栏中的【视图】/【标尺】命令，将标尺显示在新建文件中。

(4) 选择菜单栏中的【视图】/【新参考线】命令，在弹出的【新参考线】对话框中设置参数，如图 1-2 所示。

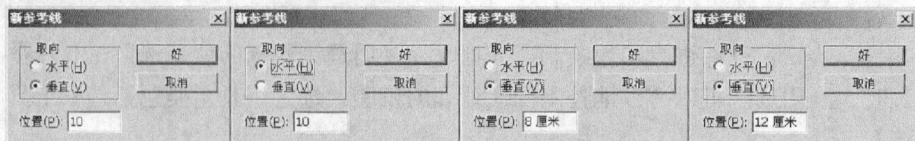

图1-2 【新参考线】对话框

(5) 参数设置完成后，单击 [好   ] 按钮，添加的辅助线如图 1-3 所示。

(6) 单击工具箱中的 ○ 按钮，将鼠标光标放置在辅助线的交点上，然后按住 Shift+Alt 键，并按下鼠标左键拖曳，以辅助线交点为圆心绘制圆形选区，如图 1-4 所示。

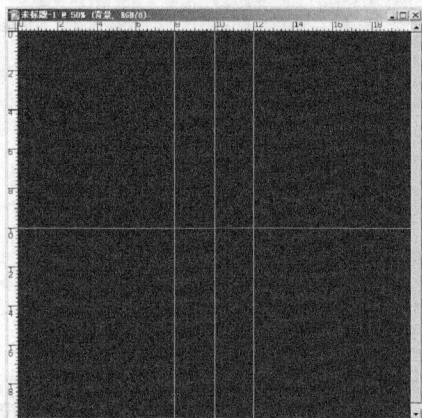

图1-3 添加辅助线后的形态

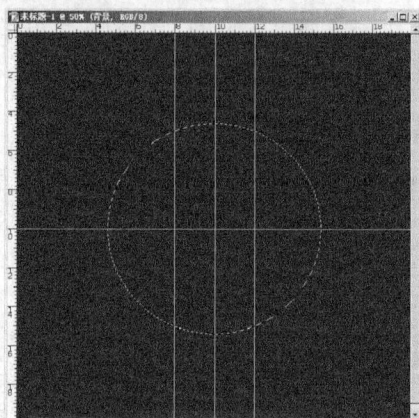

图1-4 绘制出的圆形选区

(7) 单击属性栏中的 ⌐ 按钮，在辅助线的交点位置按下鼠标左键，然后按住 Shift+Alt 键，以辅助线的交点为圆心绘制圆形选区，将刚绘制的选区进行修剪，得到如图 1-5 所示的圆环形选区。

(8) 单击工具箱中的 ✂ 按钮，结合属性栏中的 ⌐ 按钮，在绘制的圆环上方位置绘制如图 1-6 所示的选区。

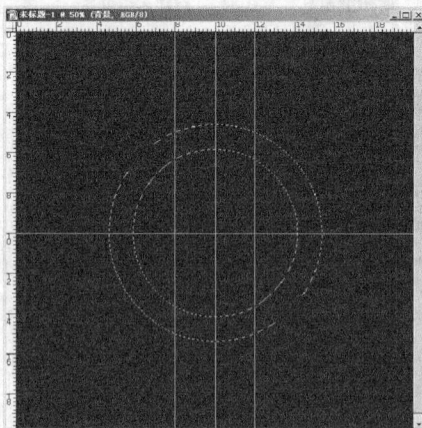

图1-5 修剪得到的圆环形选区

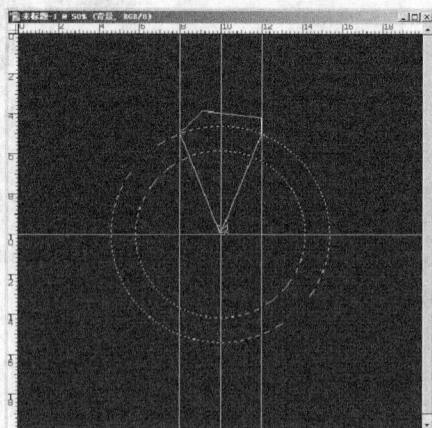

图1-6 绘制的选区形态

(9) 将绘制的圆环选区进行修剪，修剪后的选区形状如图 1-7 所示。

(10) 将绘制的圆环选区填充黄色（R254,G:239,B:141），如图 1-8 所示。

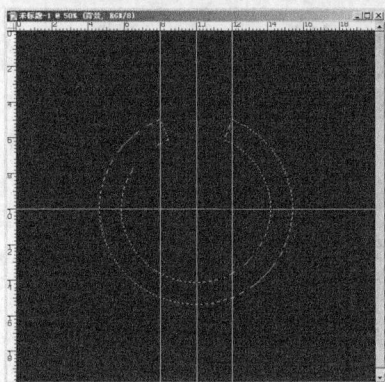

图1-7 裁剪后的选区

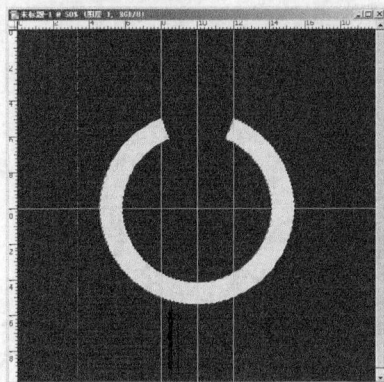

图1-8 填充颜色后的选区

(11) 在【图层】面板中新建"图层 2"，单击工具箱中的 ![按钮] 按钮，结合属性栏中的 ![按钮] 按钮，绘制选区，绘制的选区形态如图 1-9 所示。

(12) 将绘制的三角形选区填充上黄色（R254,G:239,B:141），效果如图 1-10 所示。

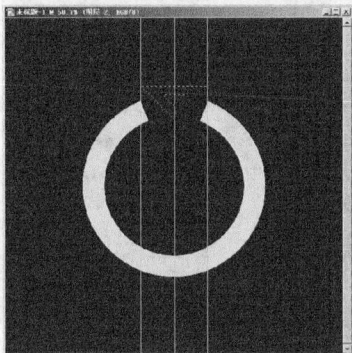

图1-9 绘制的选区形态

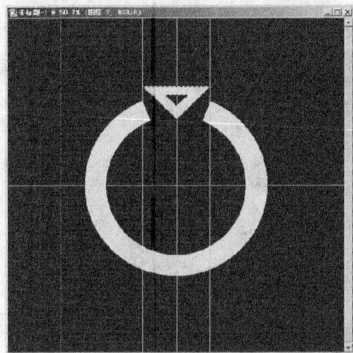

图1-10 填充颜色后的选区

(13) 新建"图层 3"，用与步骤(6)～(7)相同的方法，绘制出如图 1-11 所示的圆环选区。

(14) 单击工具箱中的 ![按钮] 按钮，结合属性栏中的 ![按钮] 按钮，在绘制的圆环右方位置绘制如图 1-12 所示的选区。

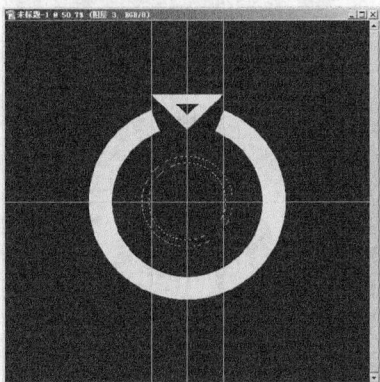

图1-11 绘制的选区形态

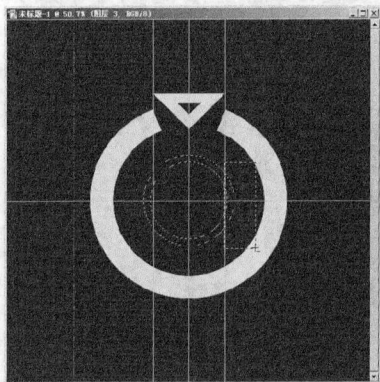

图1-12 裁剪选区时的形态

(15) 将绘制的圆环选区进行修剪，然后为剩余的选区填充黄色（R254,G:239,B:141），效果如图 1-13 所示。

(16) 新建"图层 4"，单击工具箱中的 ⬭ 按钮，然后按住 Shift+Alt 键，绘制出如图 1-14 所示的圆形选区。

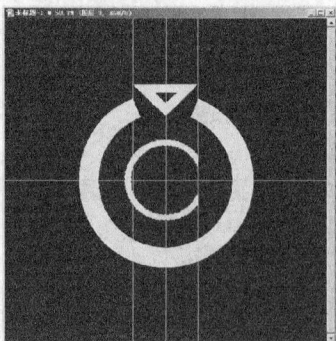

图1-13 填充颜色后的选区

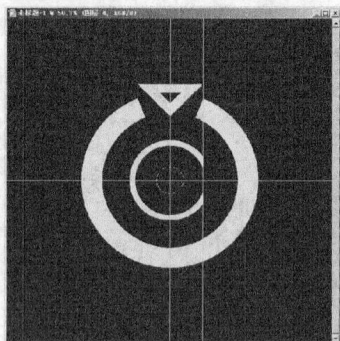

图1-14 绘制的圆形选区

(17) 单击工具箱中的 ■ 按钮，并单击属性栏中的 ⁀ 按钮，在弹出的【渐变样式】面板中选择"前景到背景"渐变样式，再激活属性栏中的 ⬤ 按钮，然后为选区填充由浅黄色到白色的径向渐变色，效果如图 1-15 所示。

(18) 新建"图层 5"，单击工具箱中的 ⬇ 按钮，在绘制的圆环左方位置绘制三角形选区，形态如图 1-16 所示。

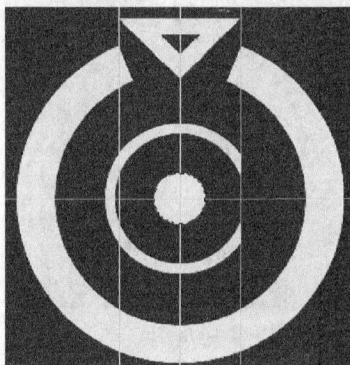

图1-15 填充渐变后的选区

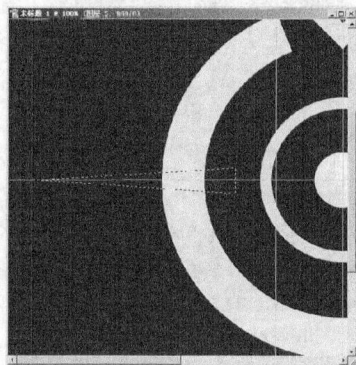

图1-16 绘制的选区形态

(19) 将绘制的三角形选区填充黄色（R254,G:239,B:141），如图 1-17 所示。

(20) 选择菜单栏中的【编辑】/【变换】/【旋转】命令，为三角形添加旋转变换框。

(21) 按住 Shift 键，将鼠标光标放置到旋转中心点上，按住鼠标左键水平向右拖曳，将旋转中心点移动放置到辅助线的交点上，如图 1-18 所示。

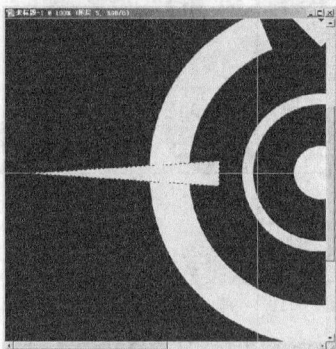

图1-17 填充颜色后的选区

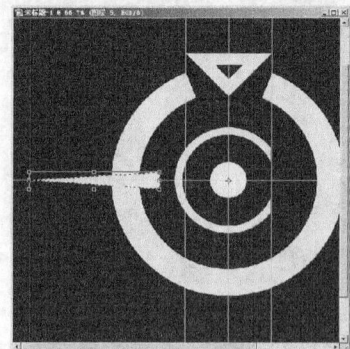

图1-18 旋转中心点移动放置的位置

(22) 将旋转中心调整后，在属性栏中将 △ 50 度 设置为 "90"，旋转后的三角形如图 1-19 所示。单击属性栏中的 ✔ 按钮，确定三角形的旋转。

(23) 按住 Shift+Ctrl+Alt 键，连续按 3 次 T 键，将图形重复旋转复制，复制出的图形如图 1-20 所示。

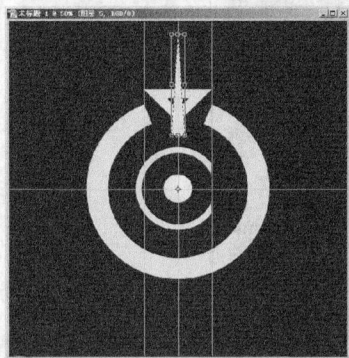

图1-19 旋转后的图形位置

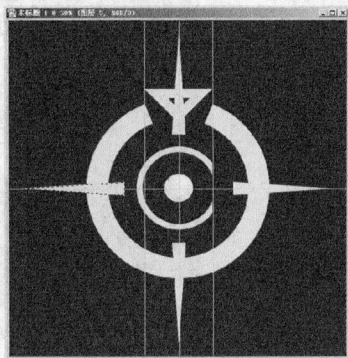

图1-20 复制出的图形

(24) 单击工具箱中的 ⬚ 按钮，将正上方的三角形选中，然后按 Delete 键删除，删除后的状态如图 1-21 所示。

(25) 按 Ctrl+D 键去除选区，然后新建 "图层 6"，单击工具箱中的 ✏ 按钮，绘制出如图 1-22 所示的三角形选区。

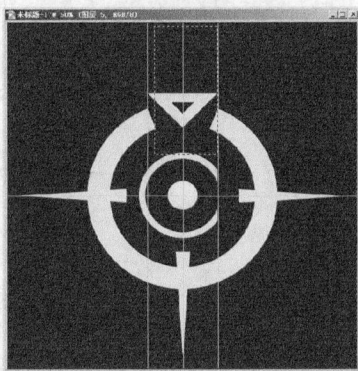

图1-21 删除后的状态

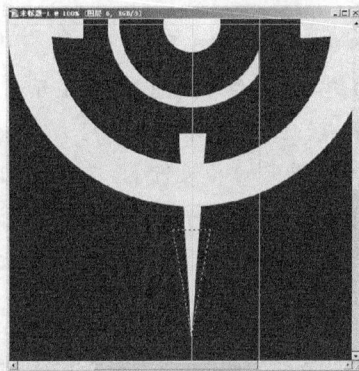

图1-22 绘制的选区状态

(26) 将绘制的三角形选区填充黄色（R254,G:239,B:141），如图 1-23 所示。

(27) 选择菜单栏中的【编辑】/【变换】/【旋转】命令，将旋转中心点移动到辅助线的交点上，然后将图形顺时针旋转45°，旋转后的形态如图 1-24 所示。

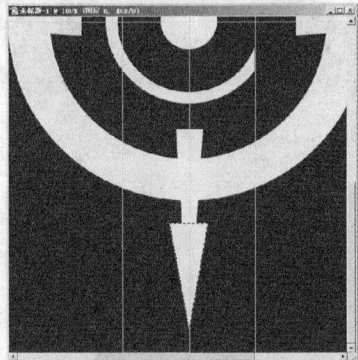

图1-23 填充颜色后的选区

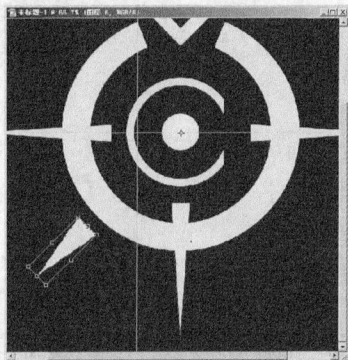

图1-24 旋转后的图形位置

(28) 按 Enter 键，确定图形的旋转。

(29) 按住 Shift+Ctrl+Alt 键，连续按 7 次 T 键，将图形重复旋转复制，复制出的图形如图 1-25 所示。

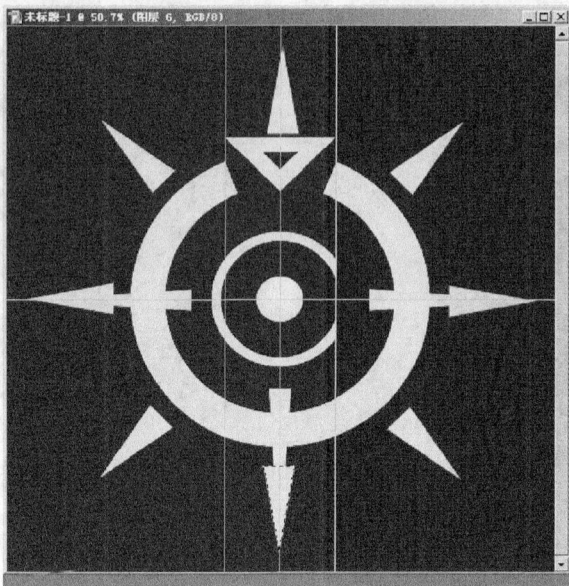

图1-25 复制出的图形

(30) 按 Ctrl+D 键去除选区。

(31) 选择菜单栏中的【视图】/【显示】/【参考线】命令，将辅助线隐藏。至此，标志图形绘制完成，最终效果如图 1-1 所示。

(32) 选择菜单栏中的【文件】/【存储为】命令，或按 Shift+Ctrl+S 键，将文件命名为"练习 01.psd"进行保存。

练习总结

在标志的制作过程中，要注意选区相加和相减的应用。如果工作区中有选区，按住 Shift 键再绘制选区，是增加选区；按住 Alt 键并绘制选区，是减少选区。它们的使用方法与属性栏中的 和 按钮相同。利用变形框对图形进行旋转变形时，要注意只有将旋转中心移动到辅助线的交点上，才可以保证后面旋转复制出的图形与圆环图形具有相同的中心点。

上机练习2 【套索】工具和【磁性套索】工具

本练习将利用【套索】工具和【磁性套索】工具来选择图像，然后进行画面组合。通过此实例的制作可以进一步熟练掌握【套索】工具和【磁性套索】工具的使用方法及应用技巧。

练习目的

- 掌握【套索】工具的使用方法及应用技巧。
- 掌握【磁性套索】工具的使用方法及应用技巧。
- 掌握图像的移动复制方法。

练习内容

　　利用【套索】工具和【磁性套索】工具将西瓜选择后，合成出如图 1-26 所示的画面效果（参见素材文件\练习内容图片\01）。

操作步骤

(1) 选择菜单栏中的【文件】/【打开】命令，打开素材文件中的 "图库\01\T1-01.jpg" 和 "图库\01\T1-02.jpg" 图片文件，如图 1-27 所示。

图1-26　合成完成后的画面效果　　　　　　　　图1-27　打开的图片文件

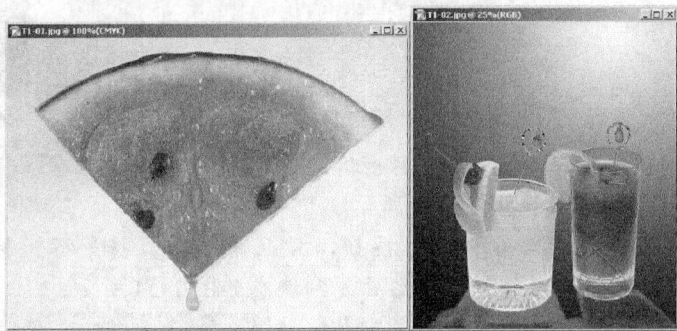

(2) 单击工具箱中的 ![按钮] 按钮，设置属性栏中的选项及参数，如图 1-28 所示。

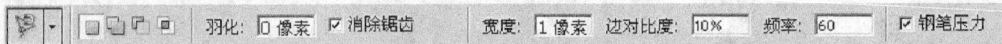

| ↗ ▾ | □ ◻ ◻ □ | 羽化: 0 像素 | ☑ 消除锯齿 | 宽度: 1 像素 | 边对比度: 10% | 频率: 60 | ☑ 钢笔压力 |

图1-28　属性栏设置

(3) 单击 "T1-01.jpg" 图片文件，设置为当前工作状态，然后单击工具箱中的 🔍 按钮，将画面的局部区域放大显示，并将鼠标光标放置在画面中如图 1-29 所示的位置。

(4) 单击鼠标左键确定选区的起点，沿西瓜的边缘移动鼠标光标，在背景与西瓜的交界处将出现锁定的线形，如图 1-30 所示。

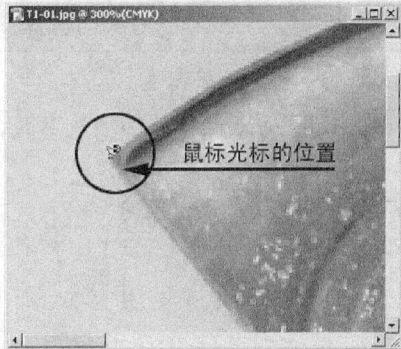

图1-29　鼠标光标放置的位置　　　　　　　　图1-30　移动鼠标光标绘制选区状态

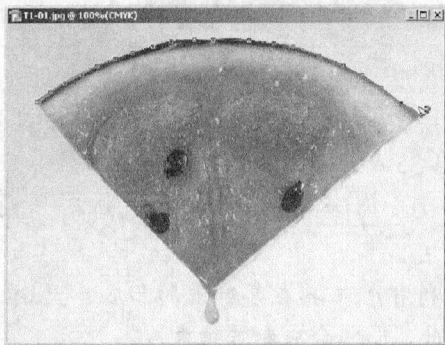

(5) 沿西瓜的边缘继续移动鼠标光标，添加锁定的线形，当鼠标光标移动到起点位置时，在鼠标光标的右下角将出现一个小圆圈，如图 1-31 所示。

(6) 单击鼠标左键将绘制的线形闭合，使之成为选区。

(7) 单击工具箱中的 ⊹ 按钮，将选择的西瓜图形移动复制到 "T1-02.jpg" 图片中，调整后放置在画面中如图 1-32 所示的位置。

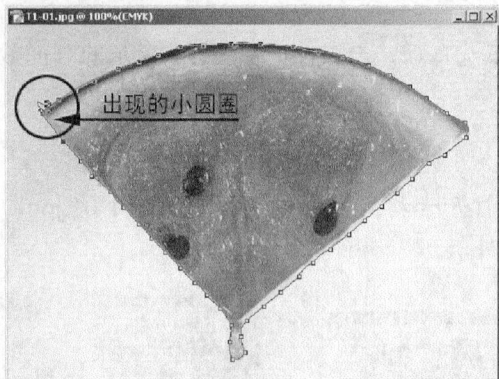

图1-31 鼠标光标形态

图1-32 西瓜图形调整后放置的位置

(8) 单击工具箱中的 按钮，在画面中的西瓜汁位置按下鼠标左键拖曳绘制选区，将西瓜汁选择，如图 1-33 所示。

(9) 单击工具箱中的 按钮，按住 Alt 键，将鼠标光标放置在选区中，按下鼠标左键拖曳，进行复制。图形的复制状态如图 1-34 所示。

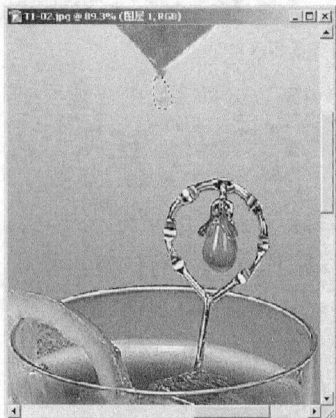

图1-33 西瓜汁选择后的形态

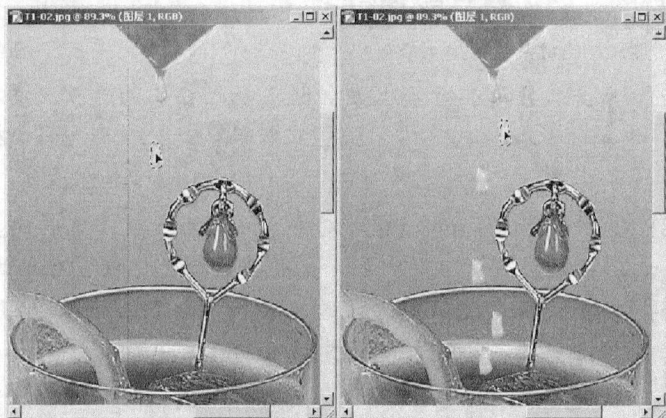

图1-34 复制图形状态

(10) 按 Ctrl+D 键去除选区，并单击工具箱中的 按钮，设置属性栏中的选项及参数，如图 1-35 所示。

图1-35 属性栏设置

(11) 利用 工具在复制出的西瓜汁上涂抹，使其自然一些，最终效果如图 1-26 所示。至此，图像合成制作结束。

(12) 选择菜单栏中的【文件】/【存储为】命令（或按 Shift+Ctrl+S 键），将文件命名为"练习 02.psd"进行保存。

练习总结

在利用工具箱中的 工具选择图像时，一定要注意属性栏的设置。当移动鼠标自动添加的线形不能准确地锁定图形时，可以单击鼠标左键来锁定控制点或者将属性栏中的【频率】值设置得大一些，这样可以使绘制的选区更加精确。

上机练习 3 【魔棒】工具

本练习将利用【魔棒】工具来选择一个海鸥图形，将它与打开的素材图像进行组合。

练习目的

- 掌握【魔棒】工具的使用方法与应用技巧。

练习内容

利用【魔棒】工具选择海鸥图形，并放置在画面中如图 1-36 所示的位置（参见素材文件\练习内容图片\01）。

图1-36 放置到画面中的海鸥图形

操作步骤

(1) 按 Ctrl+O 键，打开素材文件中的 "图库\01\海鸥.jpg" 和 "图库\01\海边.jpg" 图片文件，如图 1-37 所示。

图1-37 打开的图片文件

(2) 单击工具箱中的 按钮，设置属性栏中的选项及参数，如图1-38所示。

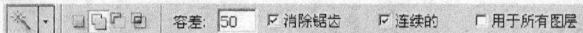

图1-38 【魔棒】工具的属性栏

(3) 属性栏设置完成后，在"海鸥.jpg"文件画面中的蓝色天空位置单击，添加的选区形态如图1-39所示。

(4) 继续在画面中不同的背景位置单击，增加选区，直到将背景色全部选择为止，形态如图1-40所示。

图1-39 添加的选区形态　　　　图1-40 添加的选区形态

(5) 单击工具箱中的 按钮，按住 Alt 键绘制选区，将选择不够精确的选区进行修剪，其状态如图1-41所示，修剪后的选区形态如图1-42所示。

图1-41 修剪选区时的形态　　　　图1-42 修剪后的选区形态

(6) 选择菜单栏中的【选择】/【反选】命令，将选区反选，形态如图1-43所示，然后单击工具箱中的 按钮，将选择的海鸥图形移动复制到"海边.jpg"图片文件中生成"图层1"。

(7) 选择菜单栏中的【编辑】/【自由变换】命令，为"图层1"中的图片添加自由变换框，然后按住 Shift 键，将鼠标光标放置在变换框右上角的控制点上，按下鼠标左键向左下角拖曳，等比例缩小图片，如图1-44所示。

图1-43 反选后的选区形态

图1-44 调整后的图片形态

(8) 按 Enter 键，确定图像的变换操作。至此，利用【魔棒】工具选择海鸥图形并进行画面合成的制作就完成了，最终效果如图 1-36 所示。

(9) 选择菜单栏中的【文件】/【存储为】命令，将组合后的图像命名为 "练习 03.psd" 进行保存。

练习总结

在海鸥的选择过程中，或许读者不能很好地控制【魔棒】工具，此时可以在画面中多单击几次，最大量地将背景选择。当选择不够精确时，可以利用其他选区工具结合选区的相加或相减操作来修整选区，最后完成海鸥图形的选择操作。

第2章 【移动】工具

【移动】工具是 Photoshop 中最常用的一个工具，图像的移动、移动复制或合成都要用该工具来完成。在【移动】工具的属性栏中还包括定界框的添加和图像的对齐与分布等命令，这些都是进行图像操作时经常使用的命令。

上机练习1 移动复制图像

本练习通过将画面合成到相框中的操作过程，进一步熟练掌握【移动】工具在图像的移动和复制中的使用方法。

练习目的

- 掌握【移动】工具的使用方法。
- 掌握移动复制图像的方法。

练习内容

利用各种选区工具和【移动】工具来合成如图 2-1 所示的相册（参见素材文件\练习内容图片\02）。

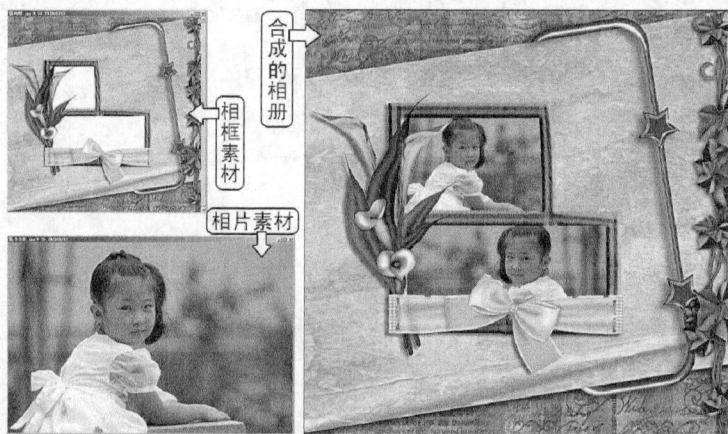

图2-1 准备的素材图片与合成后的相册效果

操作步骤

(1) 选择菜单栏中的【文件】/【打开】命令，打开素材文件中的"图库\02\相框.jpg"图片文件，如图 2-2 所示。

(2) 单击工具箱中的 按钮，在该工具的属性栏中将【连续的】复选框勾选，然后在画面中的白色背景位置单击鼠标左键添加选区，如图 2-3 所示。

(3) 按住 Shift 键单击其他白色背景区域，添加的选区形态如图 2-4 所示。

图2-2 打开的图片

图2-3 生成的选区

图2-4 添加的选区

(4) 选择菜单栏中的【图层】/【新建】/【背景图层】命令，在弹出的【新图层】对话框中单击 好 按钮，将"背景"层转换为普通层"图层 0"。

(5) 选择菜单栏中的【编辑】/【清除】命令，将选择的白色背景删除，效果如图 2-5 所示。

(6) 单击工具箱中的 按钮，在画面中绘制如图 2-6 所示的矩形选区，将相框右侧的边框选中，注意选区的上边缘要与相框的顶部对齐。

(7) 单击工具箱中的 按钮，按住 Shift 键，在选区中按住鼠标左键向右拖曳，将选中的部分相框向右水平移动到如图 2-7 所示的位置。

图2-5 删除后的效果

图2-6 绘制的选区

图2-7 移动后的位置

(8) 单击工具箱中的 按钮，在画面中绘制如图 2-8 所示的选区，注意选区的上边缘与右侧要与下方图像的边缘对齐。

(9) 按住 Shift+Ctrl+Alt 键，在选区中按住鼠标左键向右拖曳，将选中的部分相框向右水平复制，状态如图 2-9 所示。

(10) 用相同的方法，依次移动复制相框，使其成为一个完整的整体，如图 2-10 所示。

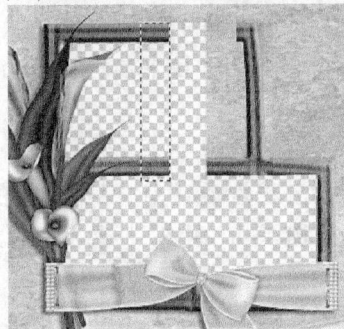
图2-8 绘制的选区

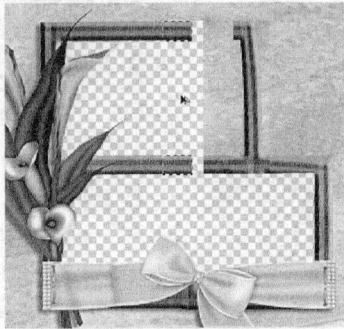
图2-9 移动复制操作

图2-10 移动复制出的相框

(11) 单击工具箱中的 按钮，在画面中选中如图 2-11 所示的图像，然后按 Delete 键，将其删除。

(12) 选择菜单栏中的【选择】/【取消选择】命令，将选区去除，重新调整后的相框效果如图 2-12 所示。

(13) 选择菜单栏中的【文件】/【打开】命令，打开素材文件中的"图库\02\小女孩.jpg"图片文件，如图 2-13 所示。

图2-11 选中的图像　　图2-12 删除后的效果　　图2-13 打开的图片文件

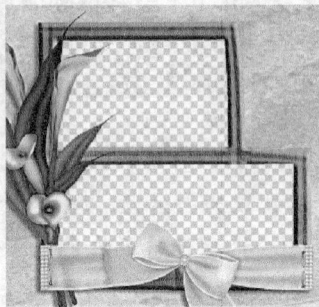

(14) 单击工具箱中的 按钮，在名为"小女孩.jpg"的图片上按住鼠标左键将其拖曳到名为"相框.jpg"的图片中，此时鼠标光标的显示状态如图 2-14 所示。

(15) 释放鼠标左键，移动复制到"相框.jpg"图片中的小女孩如图 2-15 所示，此时在【图层】面板中将自动生成一个新的图层"图层 1"。

(16) 在【图层】面板中的"图层 1"上按住鼠标左键向下拖曳到"图层 0"上，释放鼠标左键，此时"图层 1"调整到"图层 0"的下面，画面中的小女孩被放置在相框的下面，如图 2-16 所示。

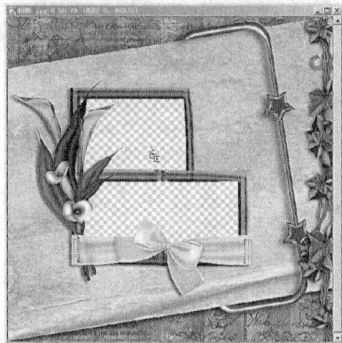

图2-14 移动复制图片时的鼠标光标显示　　图2-15 移动复制入的图片　　图2-16 调整图层顺序后的画面效果

(17) 选择菜单栏中的【编辑】/【自由变换】命令，为"图层 1"中的图片添加自由变换框，然后按住 Shift 键，将鼠标光标放置在变形框右上角的控制点上，按下鼠标左键向左下角拖曳，等比例缩小图片，如图 2-17 所示。

(18) 按 Enter 键，确定图像的变换操作。

(19) 单击工具箱中的 按钮，按住 Alt 键，在小女孩图片上按住鼠标左键并向下拖曳，将图片移动复制，此时在【图层】面板中将生成一个新图层"图层 1 副本"，然后将复制出的图片放置到如图 2-18 所示的位置。

图2-17 调整后的图片形态

图2-18 复制出图片放置的位置

(20) 选择菜单栏中的【编辑】/【自由变换】命令，为"图层 1 副本"中的图片添加自由变形框，并将其调整至如图 2-19 所示形态。

(21) 在变换框内单击鼠标右键，在弹出的快捷菜单中选择【水平翻转】命令，将图片水平翻转，然后按 Enter 键，确定图像的变换操作，翻转后的图片效果如图 2-20 所示。

图2-19 调整后的图片形态

图2-20 翻转后的图片效果

(22) 选择菜单栏中的【文件】/【存储为】命令，将此文件命名为"练习 01.psd"进行保存。

练习总结

利用【移动】工具移动图像时，按住 Shift 键，可以确保图像在水平、垂直或 45°角的倍数方向上移动；按住 Alt 键，可以对图像进行移动复制；同时按住 Shift+Alt 键，可以将图像在水平、垂直或 45°角的倍数方向上移动复制。当没有选择工具箱中【移动】工具而想对图形进行移动复制时，可以同时按下 Ctrl+Alt 键进行操作。

上机练习2 图像的变形

本练习将通过书籍立体效果图的调整制作，进一步熟练掌握【移动】工具定界框的使用方法。

练习目的

- 掌握【移动】工具定界框的使用方法与技巧。
- 掌握键盘与图像调整的结合使用技巧。

练习内容

利用图形的变形调整完成如图 2-21 所示的书籍立体效果图制作（参见素材文件\练习内容图片\02）。

素材图片　制作的立体效果图

图2-21　准备的素材图片及制作完成的立体效果图

操作步骤

(1) 按 Ctrl+O 键，打开素材文件中的"图库\02\装帧背景.jpg"和"图库\02\平面展开图.jpg"图片文件，如图 2-22 所示。

图2-22　打开的图片文件

(2) 单击工具箱中的 ▨ 按钮，在"平面展开图.jpg"图片中绘制矩形选区，选中书籍的正面，如图 2-23 所示。

(3) 单击工具箱中的 ✛ 按钮，将选中的书籍正面移动复制到"装帧背景.jpg"图片中。

(4) 确认工具箱中的 ✛ 按钮被选中，在属性栏中勾选 ☑显示定界框 复选框，为书籍正面添加定界框。

(5) 按住 Shift 键，将鼠标光标放置在定界框右上角的控制点上，按下鼠标左键向内拖曳，等比例缩小书籍正面图，调整状态如图 2-24 所示。

图2-23　选择书籍正面后的形态

图2-24　等比例缩小书籍正面状态

(6) 等比例缩小正面图到合适大小后，释放鼠标左键，按住 [Ctrl] 键，将鼠标光标放置在定界框上面中间的控制点上，按下鼠标左键向左拖曳，对正面进行透视变形，状态如图 2-25 所示。

(7) 将正面变形后释放鼠标左键，然后按住 [Ctrl] 键，将鼠标光标放置在定界框右下角的控制点上，按下鼠标左键向右上方拖曳，拖曳变形状态如图 2-26 所示。

图2-25 透视变形状态

图2-26 调整右下角变形状态

(8) 用同样的方法，将鼠标光标放置在定界框左上角的控制点上，按下鼠标左键进行变形调整，状态如图 2-27 所示。

(9) 将书籍正面变形调整后，按 [Enter] 键，确定书籍正面的透视变形，在属性栏中取消 ☐显示定界框 复选框的勾选。

(10) 单击工具箱中的 ⬚ 按钮，在 "平面展开图.jpg" 图片中选择书脊图形，并利用 ⬚ 工具将选中的书脊移动复制到 "装帧背景.jpg" 图片中，如图 2-28 所示。

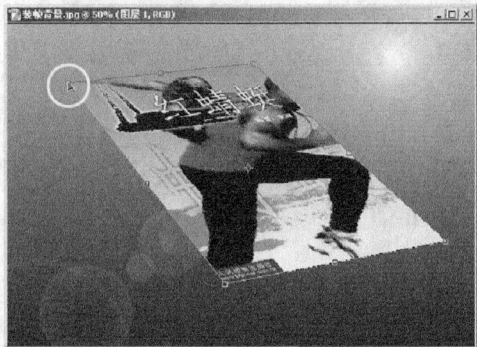

图2-27 变形调整状态

图2-28 移动复制到画面中的书脊图形

(11) 确认工具箱中的 ⬚ 按钮被选中，在属性栏中将 ☐显示定界框 复选框勾选，为书脊添加定界框，然后将其进行调整，制作出透视效果，调整状态如图 2-29 所示。

(12) 书脊透视调整完成后，按 [Enter] 键，确定书脊的透视变形，在属性栏中取消 ☐显示定界框 复选框的勾选。

(13) 选择菜单栏中的【图像】/【调整】/【亮度/对比度】命令，弹出【亮度/对比度】对话框，将【亮度】设置为 "–50"，单击 [好] 按钮。

(14) 在【图层】面板中新建 "图层 3"。单击工具箱中的 ⬚ 按钮，在画面中绘制一个矩形选区，然后填充上白色，如图 2-30 所示。

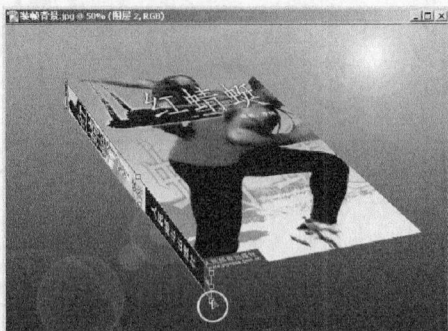

图2-29 书脊的透视调整状态

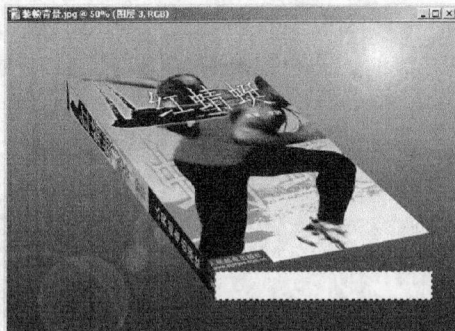

图2-30 绘制的白色矩形

(15) 按 Ctrl+D 键去除选区，利用定界框将绘制的矩形调整成如图 2-31 所示的透视效果。

(16) 在【图层】面板中新建 "图层 4"，单击工具箱中的 ✓ 按钮，在画面中绘制如图 2-32 所示的选区。

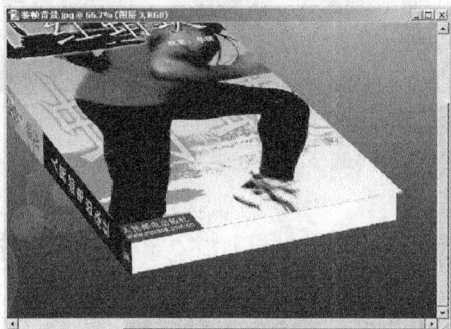

图2-31 调整后的图形透视效果

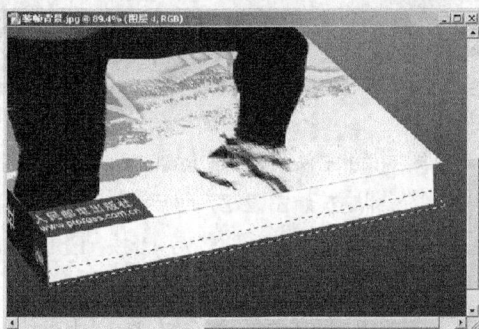

图2-32 绘制的选区

(17) 给绘制的选区填充上灰色（K:60），如图 2-33 所示。

(18) 选择菜单栏中的【图层】/【排列】/【置为底层】命令，将 "图层 4" 放置在背景层的上面。

(19) 按 Ctrl+D 键，去除选区，调整图层位置后的书籍厚度效果如图 2-34 所示。

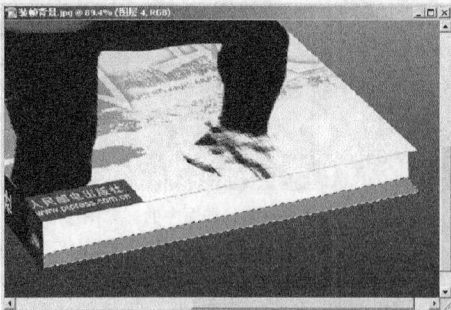

图2-33 填充颜色后的形态

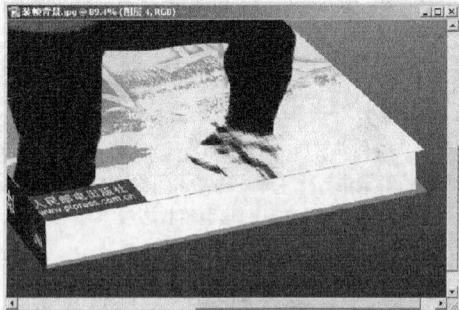

图2-34 调整图层后的书籍厚度效果

(20) 将工具箱中的前景色设置为灰色（K:40），单击工具箱中的 ＼ 按钮，在属性栏中激活 ▢ 按钮，将 粗细: 1像素 设置为 "1 像素"。

(21) 在【图层】面板中将 "图层 3" 设置为当前工作层，并单击左上角的 ▣ 按钮，锁定当前工作图层的透明像素，其【图层】面板形态如图 2-35 所示。

(22) 在制作的书籍厚度位置按下鼠标左键拖曳，绘制出如图 2-36 所示的灰色线形，作为书籍的纸张效果。

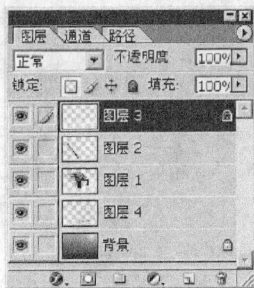

图2-35 【图层】面板

图2-36 制作出的纸张效果

(23) 将工具箱中的前景色设置为白色，在书籍封底页位置绘制白色的直线，制作出封底页的厚度，效果如图 2-37 所示。

(24) 在【图层】面板中新建 "图层 5"，并将其放置在 "图层 4" 的下面。

(25) 单击工具箱中的 ✎ 按钮，在画面中绘制如图 2-38 所示的选区。

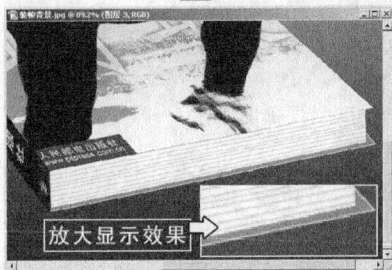

图2-37 制作出的封底页的厚度

图2-38 绘制的选区形态

(26) 单击工具箱中的 ✎ 按钮，将属性栏设置为如图 2-39 所示的选项及参数。

图2-39 属性栏设置

(27) 将工具箱中的前景色设置为黑色，在绘制的选区中喷绘书籍的投影效果，去除选区，制作完成的书籍立体效果如图 2-40 所示。

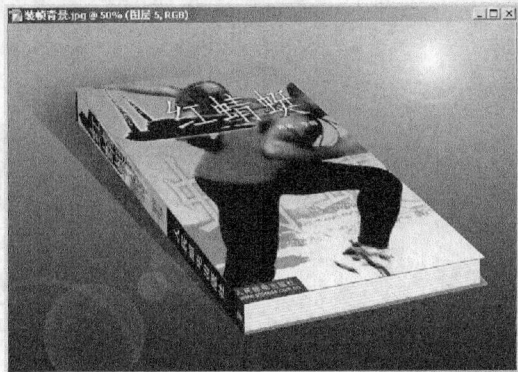

图2-40 制作完成的书籍装帧立体效果图

(28) 按 Shift+Ctrl+S 键，将完成的书籍装帧立体效果图命名为 "练习 02.psd" 进行保存。

🔍 练习总结

在对图形进行变形时，一定要注意变形工具与键盘的结合使用。按住 Shift 键时，图形一般是在水平或垂直方向上进行变形操作；按住 Ctrl 键时，图形可以进行任意方向的调整变形；按住 Alt 键时，可以制作图形对称方向的同时变形。

绘图工具是利用 Photoshop 绘制图形的最主要的工具，其中包括【画笔】工具、【铅笔】工具、【渐变】工具、【油漆桶】工具等。熟练掌握这些工具的使用方法，有助于快速地完成各种样式的绘画作品。

上机练习1 【画笔】工具基本应用

本练习将通过绘制一幅漂亮的"桂林山水"风景画进一步熟练掌握【画笔】工具以及【画笔】选项面板与【画笔预设】面板的调节使用方法。

练习目的

- 掌握【画笔】工具笔尖的大小调整和使用方法。
- 掌握【画笔预设】面板的调节使用方法。
- 了解【橡皮擦】工具的使用方法。
- 了解【模糊】工具的使用方法。

练习内容

通过设置【画笔】工具的颜色、笔尖大小以及不同的形状，绘制出如图 3-1 所示的"桂林山水"风景画效果（参见素材文件\练习内容图片\03）。

图3-1 "桂林山水"风景画效果

操作步骤

(1) 选择菜单栏中的【文件】/【新建】命令，在弹出的【新建】对话框中，设置文件的【宽度】为"18 厘米"、【高度】为"8 厘米"、【分辨率】为"130 像素/英寸"、【颜色模式】为"RGB 颜色"、【背景内容】为"白色"，创建新文件。

(2) 在【图层】面板中新建"图层 1"。将工具箱中的前景色设置为浅蓝色（C:40,M:15,Y:5）。

(3) 单击工具箱中的 ✏️ 按钮，并单击属性栏中【画笔】右侧的 ⋮ 按钮，弹出【画笔】选项面板，参数设置如图 3-2 所示。

(4) 设置合适的笔尖后，在属性栏中设置【不透明度】为 "20%"，然后在画面的顶部位置喷绘一些颜色作为蓝天效果，如图 3-3 所示。

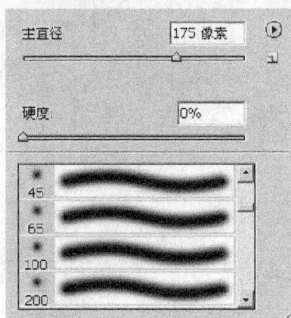

图3-2 【画笔】选项面板   图3-3 喷绘出的蓝天效果

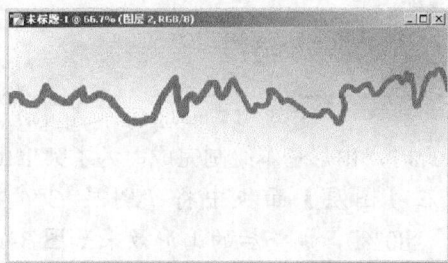

(5) 为了使蓝天出现层次感，接下来利用 ✏️ 工具在右上角处喷绘一些较深的蓝色（C:80,M:50,Y:10），在进行颜色的喷绘之前调整 ✏️ 工具的【不透明度】为 "10%"，喷绘颜色后绘制完成的蓝天效果如图 3-4 所示。

(6) 在【图层】面板中创建一个新的图层 "图层 2"。

(7) 确认当前使用的是 ✏️ 工具，单击属性栏中的 ⋅ 按钮，在弹出的【画笔】选项面板中设置【主直径】为 "13 像素"，【硬度】为 "100%"，将属性栏中的【不透明度】设置为 "100%"，利用设置的笔尖在画面中绘制出远山的轮廓，如图 3-5 所示。

图3-4 绘制出的蓝天效果   图3-5 绘制出的远山轮廓

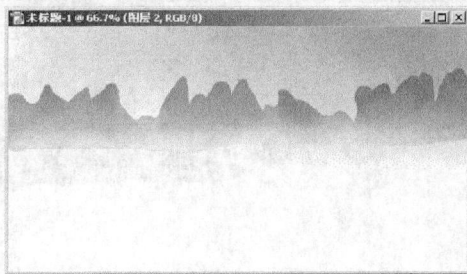

(8) 继续绘制远山，要注意设置不同大小的笔尖，绘制完成的远山如图 3-6 所示。

(9) 单击工具箱中的 ✏️ 按钮，在属性栏中设置【不透明度】为 "20%"，通过笔尖大小的随时调整，对远山进行擦除，使其出现上实下虚的淡化效果，如图 3-7 所示。

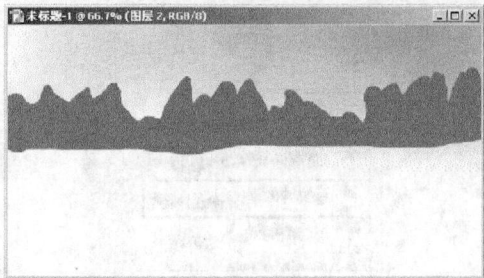

图3-6 绘制出的远山   图3-7 擦除淡化后的远山

(10) 在【图层】面板中新建 "图层 3"，设置工具箱中的前景色为蓝灰色（C:90,M:70,Y:55,C:60）。

(11) 单击工具箱中的 ✎ 按钮，调整【画笔】选项面板中的参数，如图 3-8 所示。在属性栏中设置【不透明度】为 "100%"，然后在画面中按住鼠标左键拖曳，绘制如图 3-9 所示的山形。

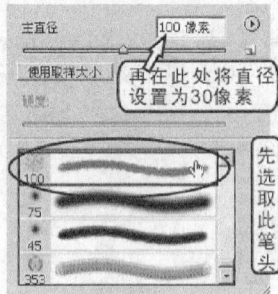

图3-8　【画笔】选项面板

图3-9　绘制出的山形

(12) 在属性栏中调整【不透明度】为 "80%"，然后接着上面绘制的山形继续绘制，如图 3-10 所示。

(13) 新建 "图层 4"，然后绘制出如图 3-11 所示的近处山形，在绘制山形时要注意【主直径】、【硬度】与【不透明度】的及时调整。

图3-10　绘制出的山形

图3-11　绘制出的近处山形

此时，山形基本绘制完成，为了突出山形的远近层次，接下来进行相应的颜色处理。

(14) 在【图层】面板中将 "图层 3" 置为工作层，然后将图层的【不透明度】设置为 "80%"，调整后的山形效果如图 3-12 所示。

(15) 将工具箱中的前景色设置为墨绿色（C:90,M:35,Y:100, C:20）。在【图层】面板中单击左上角的 ▣ 按钮，锁定当前图层的透明像素。

(16) 单击工具箱中的 ✎ 按钮，在【画笔】选项面板中选择如图 3-13 所示的笔尖。

图3-12　调整不透明度后的效果

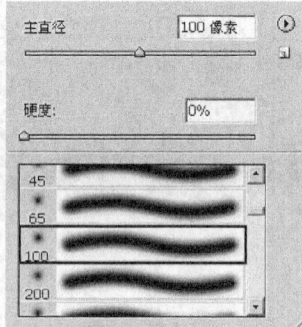

图3-13　【画笔】选项面板

(17) 在属性栏中设置【模式】为 "叠加"，【不透明度】为 "100%"，然后在中间的山形上喷绘颜色，改变颜色后的效果如图 3-14 所示。

(18) 将"图层 4"设置为当前工作层，单击⊠按钮进行图层透明像素的锁定，再利用设置的画笔在近处的山形上喷绘，润饰上一些墨绿色，效果如图 3-15 所示。

图3-14 改变颜色后的山形

图3-15 更改颜色后的近处山形

此时，山形绘制完成。接下来绘制画面中的湖水以及倒影效果。

(19) 在【图层】面板中单击背景层，将其设置为工作层，单击【图层】面板底部的 ⬚ 按钮，新建"图层5"。

(20) 将工具箱中的前景色设置为蓝色（C:60）。单击 ✐ 按钮，设置合适的笔尖与硬度后，在画面的底部位置绘制颜色，作为河水效果，如图 3-16 所示。

(21) 在【图层】面板中将"图层 3"设置为当前工作层，然后在"图层 3"上按住鼠标左键向下拖曳到面板底部的 ⬚ 按钮上，释放鼠标左键后"图层 3"即复制生成"图层 3 副本"层，其图层的复制过程如图 3-17 所示。

图3-16 喷绘出作为河水的颜色

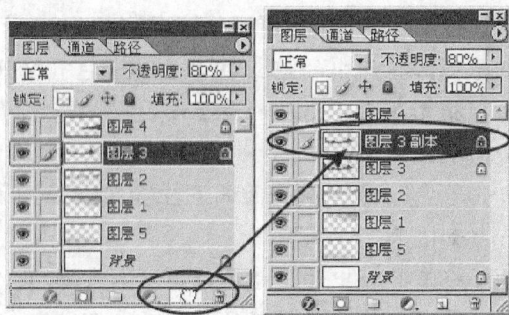

图3-17 图层的复制过程

(22) 选择菜单栏中的【编辑】/【变换】/【垂直翻转】命令，此时复制出的山形将翻转，如图 3-18 所示。

(23) 在【图层】面板中，将"图层 3 副本"层的图层【不透明度】设置为"30%"。

(24) 单击工具箱中的 ➤⁺ 按钮，按住 Shift 键，将翻转后的山形垂直向下移动，使其与原来的山形底部对齐后作为水中的倒影，如图 3-19 所示。

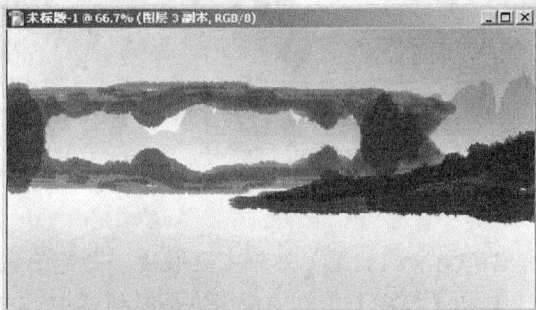

图3-18 翻转后的山形

图3-19 完成的山形倒影

(25) 用同样的方法，将"图层 4"复制生成"图层 4 副本"层，选择菜单栏中的【编辑】/
【变换】/【垂直翻转】命令，将山形垂直翻转，然后向下移动位置，将图层【不透明
度】设置为"70%"，作为近处山形的倒影，效果如图 3-20 所示。

此时，山形的倒影基本绘制完成，不过真实的倒影是不会那么清晰的，应该比实际山形模
糊一些，接下来对倒影处理模糊效果。

(26) 在【图层】面板中，分别将"图层 3 副本"层和"图层 4 副本"层设置为当前工作
层，然后单击□按钮，取消图层透明像素的锁定。

(27) 单击工具箱中的🔌按钮，在属性栏中设置【模式】为"正常"，【强度】为"50%"，分
别选中"图层 3 副本"层和"图层 4 副本"层后，在倒影上涂抹进行模糊处理，如图
3-21 所示。

图3-20 完成的近处山形倒影

图3-21 模糊后的山形倒影

(28) 将工具箱中的前景色设置为黄色（Y:100）。在【图层】面板中新建"图层 6"，并将其
放置在所有图层的最上面。

(29) 单击工具箱中的🖌️按钮，在【画笔】选项面板中设置笔尖大小为"100 像素"的虚化
笔尖，然后在画面的左上角处单击鼠标左键，喷绘出圆形笔尖形状的颜色作为太阳，
如图 3-22 所示。

(30) 将工具箱中的前景色设置为橘红色（M:50,Y:100），设置笔尖大小为"80 像素"的虚化
笔尖，然后在喷绘的黄颜色上单击，绘制出的太阳如图 3-23 所示。

图3-22 喷绘颜色绘制太阳

图3-23 绘制出的太阳

(31) 按 Shift+Ctrl+S 键，将绘制完成的画面命名为"练习 01.psd"进行保存。

🔍 **练习总结**

在本例"桂林山水"风景画绘制中，能否绘制出笔墨淋漓的画面效果主要取决于画笔笔尖
形状的设置。对图层的设置和理解以及【橡皮擦】工具和【模糊】工具的使用也是绘制该作品的
关键。

上机练习 2 【画笔】工具笔尖形状设置

本练习将通过给情人卡添加星光效果，进一步掌握画笔笔尖形状的调整方法。

练习目的

* 掌握画笔笔尖形状的调整方法。

练习内容

利用【画笔】工具设置不同的笔尖大小和笔尖形状后，在打开的图片中绘制出如图 3-24 所示的点点星光效果（参见素材文件\练习内容图片\03）。

操作步骤

(1) 按 Ctrl+O 键，打开素材文件中的"图库\03\情人卡.jpg"图片文件，如图 3-25 所示。

图3-24 绘制出的星光效果

图3-25 打开的图片文件

(2) 在【图层】面板中新建"图层 1"，将工具箱中的前景色设置为白色。

(3) 单击工具箱中的 ✎ 按钮，在属性栏中单击 按钮，弹出【画笔预设】面板，将【角度】设置为"0 度"，【圆度】设置为"5%"，其他参数设置如图 3-26 所示。

(4) 利用设置的画笔笔尖在画面中单击，喷绘出如图 3-27 所示的白色线条。

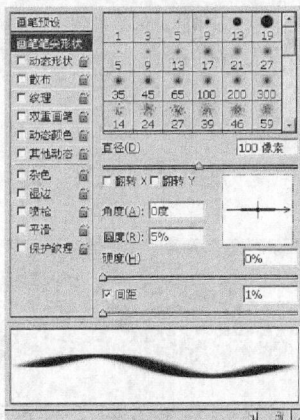

图3-26 【画笔预设】面板

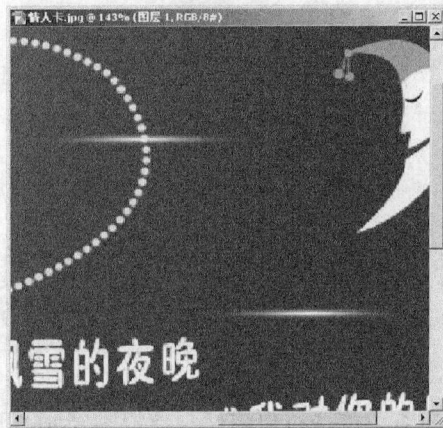

图3-27 在画面中喷绘出的白色线条

(5) 按 F5 键，在弹出的【画笔预设】面板中将【角度】设置为 "90 度"，【圆度】设置为 "5%"，在制作的白色线条上单击，喷绘白色制作出星光效果，如图 3-28 所示。

(6) 按 F5 键，在弹出的【画笔预设】面板中将【角度】设置为 "45 度"，【圆度】设置为 "10%"，在喷绘的十字交叉的白色线条上单击，喷绘出如图 3-29 所示的倾斜的白色线条。

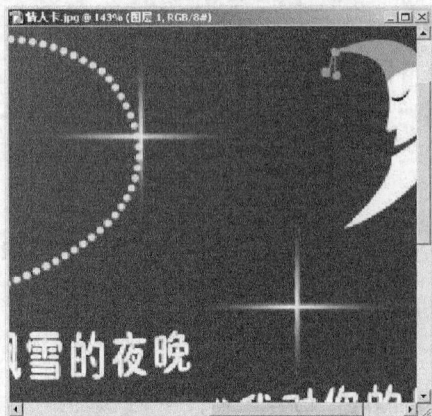

图3-28 绘制出的星光效果

图3-29 喷绘出的白色倾斜线条

(7) 在【画笔预设】面板中将【角度】设置为 "-45 度"，【圆度】设置为 "10%"，在白色交叉线条上单击，喷绘出如图 3-30 所示的倾斜的白色线条。

(8) 使用同样的绘制方法，设置不同大小的画笔笔尖后，在画面中喷绘制作出如图 3-31 所示的星光点点效果。

图3-30 喷绘出的白色倾斜线条

图3-31 绘制完成的星光效果

(9) 按 Shift+Ctrl+S 键，将绘制完成的图像命名为 "练习 02.psd" 进行保存。

练习总结

在本实例中，画笔笔尖形状的设置直接关系到能否制作出理想的星光效果。对画笔的形状调整中，笔尖大小、角度和圆度的设置起决定性的作用。

上机练习3 定义画笔笔尖

本练习将通过自定义画笔笔尖绘制心形纹理图案效果，进一步熟练掌握【画笔预设】面板的调节使用方法。

练习目的

- 掌握定义画笔笔尖的方法。
- 掌握【画笔预设】面板中各选项的参数设置及绘制出的效果。

练习内容

　　利用【定义画笔预设】命令将选择的心形图案定义为画笔笔尖，然后利用【画笔】工具，分别设置【画笔】选项面板和【画笔预设】面板中的不同参数，绘制出如图 3-32 所示的不同效果的心形纹理图案（参见素材文件\练习内容图片\03）。

图3-32　绘制出的不同效果的心形图案

操作步骤

　　下面首先来定义预设画笔笔尖。

(1) 按 Ctrl+O 键，打开素材文件中的"图库\03\心形.jpg"图片文件，如图 3-33 所示。

图3-33　打开的图片

(2) 单击工具箱中的 按钮，确认属性栏中【连续的】复选框被勾选，设置【容差】为"50 像素"。在画面中的白色背景位置单击鼠标左键添加选区，然后按 Shift+Ctrl+I 键，将添加的选区反选，如图 3-34 所示。

图3-34 反选后的选区形态

(3) 选择菜单栏中的【编辑】/【定义画笔】命令，弹出如图 3-35 所示的【画笔名称】对话框。单击 ____好____ 按钮，即可将当前选择的心形图案定义为画笔笔尖。

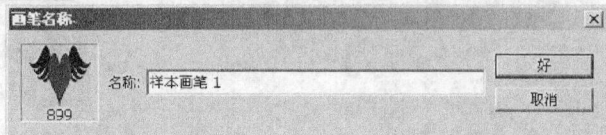

图3-35 【画笔名称】对话框

(4) 按 Ctrl+O 键，打开素材文件中的 "图库\03\风景.jpg" 图片文件，如图 3-36 所示。

(5) 单击工具箱中的 画 按钮，在属性栏中单击 按钮，在弹出的【画笔】选项面板中选择如图 3-37 所示的心形画笔笔尖。

图3-36 打开的图片

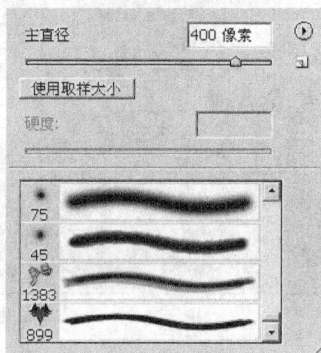

图3-37 【画笔】选项面板

(6) 单击【图层】面板下方的 按钮，新建 "图层 1"，然后将工具箱中的前景色设置为不同的颜色，在画面中依次喷绘出如图 3-38 所示的不同大小及颜色的心形图案。

图3-38 绘制的心形图案

下面利用【画笔预设】面板给自定义的蝴蝶笔尖设置不同的参数，看看能够绘制出什么样的效果来。

(7) 单击【图层】面板底部的 □ 按钮，新建"图层 2"，然后将工具箱中的前景色设置为深红色（M:100,Y:100,K:60），背景色设置为黄色（M:20,Y:100）。

(8) 单击【画笔】工具属性栏中的 □ 按钮，打开【画笔预设】面板，分别设置其属性和参数，如图 3-39 所示。

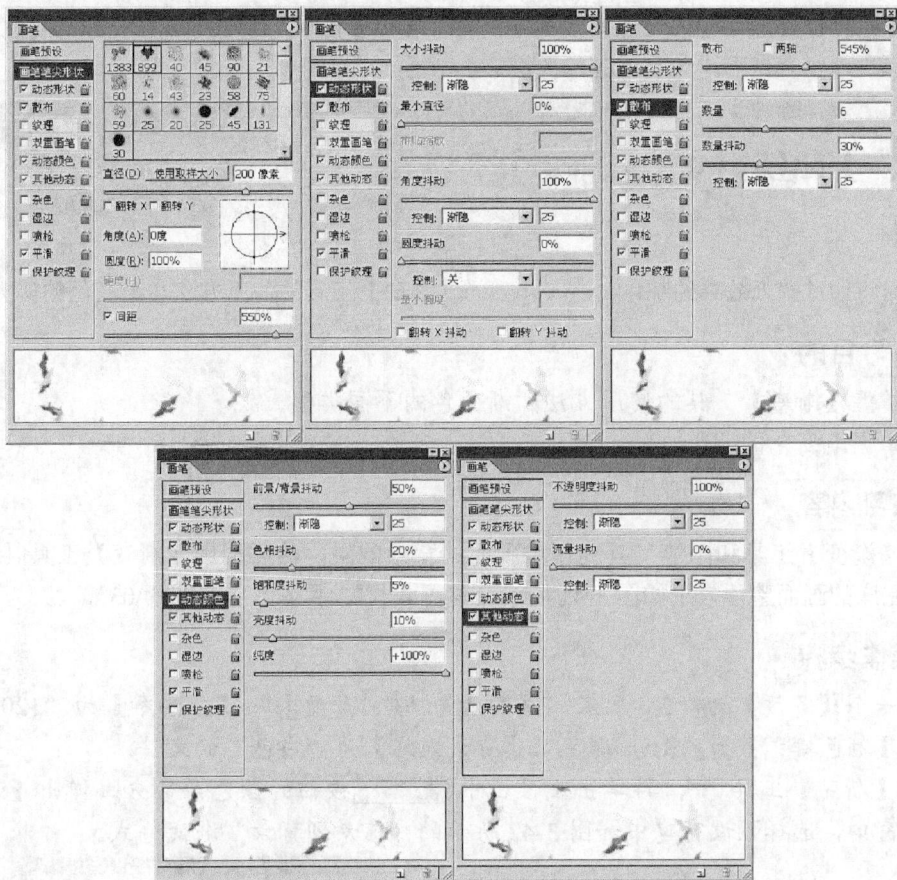

图3-39 【画笔】面板

(9) 参数设置完成后，利用【画笔】工具在新建的文件中按下鼠标左键拖曳，绘制出如图 3-40 所示的心形图案纹理效果。

图3-40 绘制出的心形图案

(10) 按 Shift+Ctrl+S 键，将文件命名为"练习 03.psd"进行保存。

练习总结

在本实例中，对于要定义为画笔笔尖的图案本身的明暗对比是决定最后绘制出的效果是否漂亮的重要因素，因为利用【画笔】工具喷绘出的图案颜色是单色效果，所以明暗对比强烈、层次丰富的图案是设置画笔笔尖最理想的图案。对于【画笔预设】面板中各种参数的设置是决定绘制出的心形纹理组合是否均匀和漂亮的关键。

上机练习4 【渐变】工具

本练习将通过壁纸效果的制作，进一步熟悉【渐变】工具的使用方法与渐变色的调整方法。

练习目的

- 掌握【渐变】工具的使用方法和渐变色的不同类型。
- 掌握渐变色的调整方法。

练习内容

利用【渐变】工具和画笔工具制作出画面的背景效果，然后利用【渐变】工具制作出水晶球，制作完成的画面整体效果如图 3-41 所示（参见素材文件\练习内容图片\03）。

操作步骤

(1) 新建一个【宽度】为"25 厘米"，【高度】为"17 厘米"，【分辨率】为"120 像素/英寸"，【颜色模式】为"RGB 颜色"，【背景内容】为"白色"的文件。

(2) 选择【渐变】工具 ▊ ，再单击属性栏中 ▊▊▊▊ 按钮的颜色条部分，弹出【渐变编辑器】窗口，选择预设窗口中如图 3-42 所示的"前景到背景"渐变样式。

图3-41 制作完成的画面整体效果

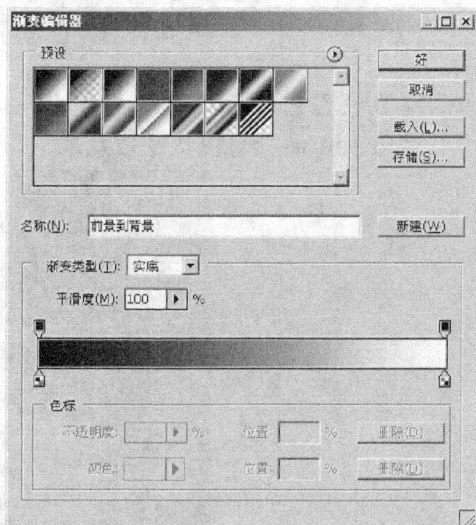

图3-42 选择的渐变色

(3) 选择色带下方左侧的色标，如图 3-43 所示，然后单击【颜色】按钮 ▊▊▊ ，在弹出的【拾色器】对话框中将颜色设置为浅紫色（R:206,G:121,B:255），如图 3-44 所示。

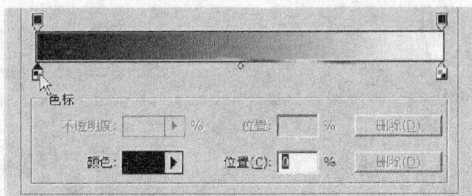

图3-43 选择的色标

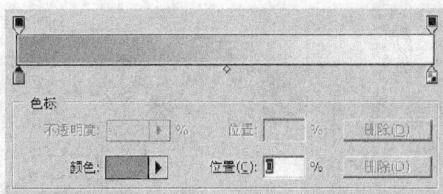

图3-44 设置的色标颜色

(4) 选择色带下方右侧的色标，然后将颜色设置为深紫色（R:49，B:74），如图 3-45 所示，然后单击 好 按钮。

(5) 按住 Shift 键，在画面中由上至下拖曳鼠标光标，为"背景"层填充设置的线性渐变色，释放鼠标左键，填充渐变色后的效果如图 3-46 所示。

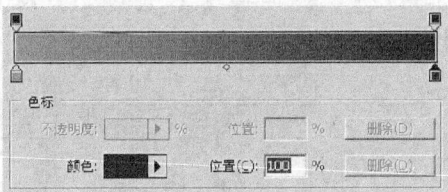

图3-45 设置的色标颜色

图3-46 填充渐变色后的效果

(6) 新建"图层 1"，然后选择【椭圆选框】工具，按住 Shift 键，绘制出如图 3-47 所示圆形选区。

(7) 选择【渐变】工具，设置渐变色如图 3-48 所示。

图3-47 绘制的选区

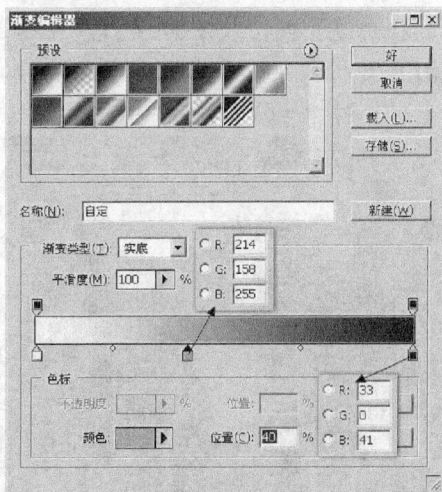

图3-48 设置的渐变色

(8) 激活属性栏中的按钮，在选区的左下方按下鼠标左键并向右上方拖曳，为选区填充设置的径向渐变色，释放鼠标左键，填充渐变色后的效果如图 3-49 所示。

(9) 选择【选择】/【变换选区】命令，为圆形选区添加自由变换框，并设置属性栏中的【W】值为"80%"，【H】值为"60%"；然后将变换后的选区向上调整至如图 3-50 所示的位置。

图3-49 填充渐变色后的效果

图3-50 调整后的选区形态

(10) 按 Enter 键，确认选的变换操作，然后按 Ctrl+Alt+D 键，在弹出的【羽化选区】对话框中将【羽化半径】设置为 "10 像素"，单击 [好] 按钮。

(11) 选择【渐变】工具 ，再单击属性栏中 · 按钮的颜色条部分，弹出【渐变编辑器】窗口。

(12) 选择色带上方右侧的不透明度色标，如图 3-51 所示，再将【不透明度】设置为 "50%"，如图 3-52 所示，然后单击 [好] 按钮。

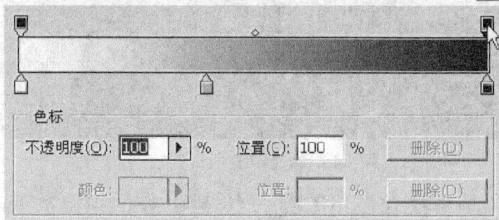

图3-51 选择的不透明度色标

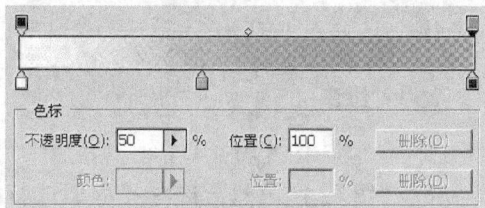

图3-52 设置的不透明度参数

(13) 新建 "图层 2"，在选区的上方中间位置按下鼠标左键向下方拖曳，为选区填充设置的径向渐变色，效果如图 3-53 所示，然后按 Ctrl+D 键去除选区。

(14) 打开素材文件中名为 "蝴蝶.psd" 的图片文件，如图 3-54 所示，然后将其移动复制到新建文件中生成 "图层 3"。

图3-53 填充渐变色后的效果

图3-54 打开的图片文件

(15) 按 Ctrl+T 键，为 "图层 3" 中的图像添加自由变换框，并将其调整至如图 3-55 所示的大小及位置，然后按 Enter 键，确认图像的变换操作。

(16) 将 "图层 3" 的图层混合模式设置为 "强光"，更改混合模式后的效果如图 3-56 所示。

图3-55 调整后的图像形态

图3-56 更改混合模式后的效果

(17) 新建"图层 4",然后将前景色设置为白色。

(18) 选择【画笔】工具 ✎,单击属性栏中的 ▤ 按钮,在弹出的【画笔预设】面板中设置参数,如图 3-57 所示。

图3-57 【画笔预设】面板

(19) 在画面中按下鼠标左键并拖曳,喷绘出如图 3-58 所示的图形。

(20) 将"图层 4"的图层混合模式设置为"叠加",更改混合模式后的效果如图 3-59 所示。

图3-58 喷绘出的图形

图3-59 更改混合模式后的效果

(21) 将"图层 4"复制,生成"图层 4 副本"层,增加图形的清晰度,最终效果如图 3-41 所示。

(22) 按 Shift+Ctrl+S 键,将此文件命名为"练习 04.psd"进行保存。

🔍 练习总结

在利用【渐变】工具绘制水晶球时,要注意透明色标的设置方法。另外,通过本例的学习,希望读者能掌握利用【渐变编辑器】窗口来调整需要渐变色的方法,并在以后的实际工作过程中灵活运用。

第4章 编辑工具

编辑工具主要包括【修复画笔】工具、【仿制图章】工具、【橡皮擦】工具、【模糊】工具、【锐化】工具、【涂抹】工具、【减淡】工具、【加深】工具、【海绵】工具等。这些都是图像处理过程中的辅助编辑工具。

上机练习1 【仿制图章】工具

本练习将通过【仿制图章】工具仿制图像，进一步熟悉【仿制图章】工具的使用方法及应用技巧。

练习目的

- 掌握【仿制图章】工具 ▲ 的使用方法与应用技巧。

练习内容

利用【仿制图章】工具复制图像，原图片与仿制出的效果分别如图 4-1 和图 4-2 所示（参见素材文件\练习内容图片\04）。

图4-1 原图片与仿制出的人像效果

图4-2 原图片与仿制到衬衣上面的图案效果

操作步骤

使用【仿制图章】工具可以在当前图像文件中进行图像仿制，也可以在两个图像文件之间进行图像的仿制。下面练习在当前图像文件中的仿制图像操作。

(1) 按 Ctrl+O 键，打开素材文件中的"图库\04\小男孩.jpg"图片文件，如图 4-3 所示。

图4-3 打开的图片文件

(2) 单击工具箱中的 ![按钮] 按钮，设置属性栏中的各项参数，如图 4-4 所示。

图4-4 【仿制图章】工具的属性栏

(3) 按住 Alt 键，在人像头部如图 4-5 所示的位置单击鼠标左键，设置图像的取样点。
(4) 按住鼠标左键，在画面的右侧位置拖曳仿制图像，仿制出的图像如图 4-6 所示。

图4-5 单击鼠标的位置

图4-6 仿制出的图像

(5) 释放鼠标左键后再按住 Alt 键，在人像的头部位置重新设置取样点。
(6) 按住鼠标左键，在画面的左侧位置拖曳仿制图像，仿制出的图像如图 4-7 所示。
(7) 按 Shift+Ctrl+S 键，将其命名为"练习 01-1.jpg"进行保存。
下面练习在两个图像文件间的仿制图像操作。
(8) 按 Ctrl+O 键，打开素材文件中的"图库\04\漫画.jpg"图片文件，如图 4-8 所示。

图4-7 仿制出的图像

图4-8 打开的图片文件

(9) 选择菜单栏中的【图像】/【图像大小】命令，弹出【图像大小】对话框，如图 4-9 所示，在该对话框中的【文档大小】栏中将【宽度】修改为"20 厘米"，如图 4-10 所示。

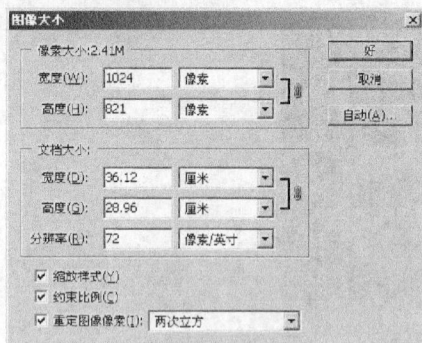

图4-9 【图像大小】对话框

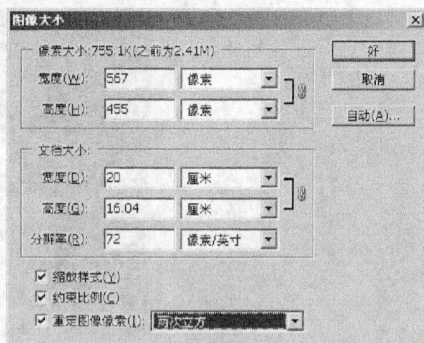

图4-10 修改后的图像大小参数

(10) 参数设置完成后单击 [好] 按钮，将"漫画.jpg"图像文件尺寸变小。

(11) 单击工具箱中的 ▲ 按钮，设置属性栏中各项参数，如图 4-11 所示。

图4-11 【仿制图章】工具的属性栏

(12) 按住 [Alt] 键，在"漫画.jpg"图像文件的卡通面部如图 4-12 所示的位置单击鼠标左键，设置图像的取样点。

(13) 按 [Ctrl]+[O] 键，打开素材文件中的"图库\04\衣服.jpg"图片文件，然后单击【图层】面板中的 ▫ 按钮，新建"图层 1"。

(14) 按住鼠标左键，在衣服上拖曳进行图像的仿制，其仿制状态如图 4-13 所示。

图4-12 单击鼠标的位置

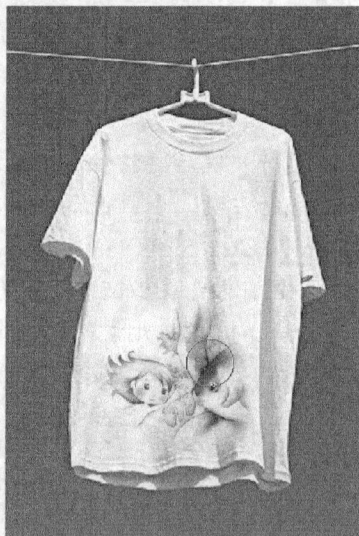

图4-13 在两个图像文件之间仿制图像状态

(15) 继续拖曳鼠标，直到仿制出想要的效果后释放鼠标左键，完成仿制图像操作，效果如图 4-2 所示。

(16) 按 [Shift]+[Ctrl]+[S] 键，将其命名为"练习 01-2.jpg"进行保存。

练习总结

本例主要练习了【仿制图章】工具的使用方法，利用【仿制图章】工具可以在当前画面中进行局部图像效果的复制，也可以在两个图像文件之间进行复制。在使用此工具时要注意图章【主直径】及【硬度】的设置。

上机练习2 【图案图章】工具

本练习通过利用【图案图章】工具绘制图案，进一步熟练掌握此工具的使用方法。

练习目的

• 掌握【图案图章】工具 的使用方法与应用技巧。

练习内容

利用【图案图章】工具进行人像照片图案绘制，绘制出的人像图案效果如图 4-14 所示（参见素材文件\练习内容图片\04）。

图4-14 照片原图与绘制出的图案效果

操作步骤

(1) 按 Ctrl+O 键，打开素材文件中的 "图库\04\照片.jpg" 图片文件。

(2) 选择菜单栏中的【图像】/【图像大小】命令，弹出【图像大小】对话框，如图 4-15 所示，将【图像大小】对话框中的【宽度】修改为 "7 厘米"，如图 4-16 所示。

(3) 参数设置完成后单击 好 按钮，将图像文件尺寸变小。

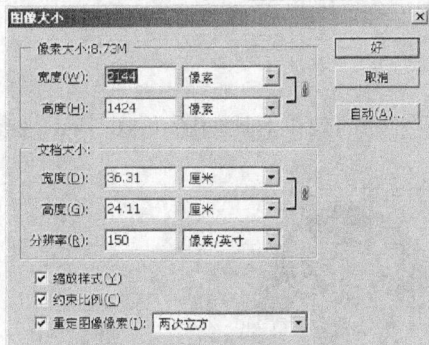

图4-15 【图像大小】对话框   图4-16 修改后的图像大小参数

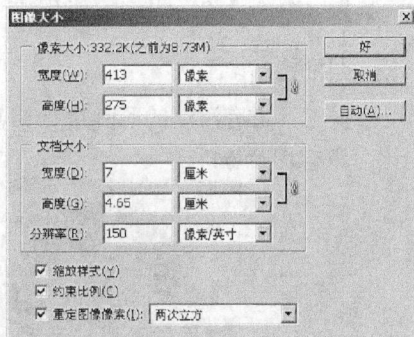

(4) 选择菜单栏中的【编辑】/【定义图案】命令，弹出【图案名称】对话框，如图 4-17 所示。

(5) 单击 好 按钮，将改小后的照片定义为图案。

(6) 按 Ctrl+N 键，在弹出的【新建】对话框中，将文件的【宽度】设置为 "20 厘米"、【高度】设置为"20 厘米"、【分辨率】设置为"150 像素/英寸"、【颜色模式】设置为"RGB 颜色"、【背景内容】设置为"白色",创建新文件。

(7) 单击工具箱中的 按钮,在属性栏中单击 按钮,弹出【预设图案】面板,在【预设图案】面板中选择如图 4-18 所示的图案。

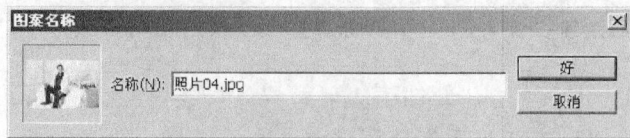

图4-17 【图案名称】对话框   图4-18 【预设图案】面板

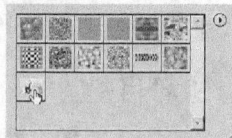

(8) 在属性栏中设置其参数及选项,如图 4-19 所示。

图4-19 属性栏中的参数及选项设置

(9) 确认 按钮为选中状态,将鼠标光标移动到新建文件中,按下鼠标左键拖曳进行图案绘制,绘制出的图案效果如图 4-14 所示。

(10) 按 Shift+Ctrl+S 键,将其命名为"练习 02.jpg"进行保存。

练习总结

本例使用【图案图章】工具绘制了一幅人像拼接的图案画面效果。在利用【图案图章】进行图案绘制时,要注意图案文件尺寸的设置,当图案文件尺寸很大,而新建的文件尺寸却不够大时,其复制出的图案个数较少。在绘制时还要注意属性栏中【对齐的】复选框的应用。

上机练习 3 修复工具

本练习通过对一幅有污渍的照片进行修复进一步熟悉修复工具的使用方法和技巧。

练习目的

- 掌握【修复画笔】工具 的使用方法与应用技巧。
- 掌握【修补】工具 的使用方法与应用技巧。

练习内容

利用修复工具将有污渍的照片进行修复,照片修复前后的效果对比如图 4-20 所示(参见素材文件\练习内容图片\04)。

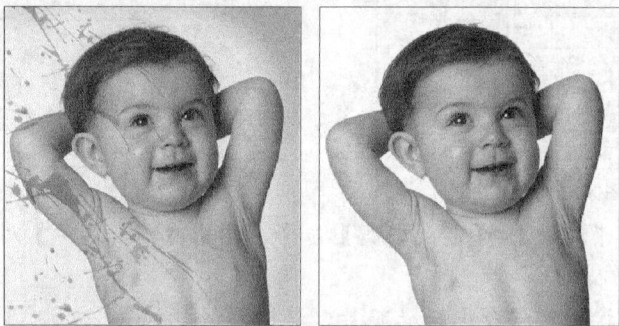

图4-20 照片修复前后的效果对比

操作步骤

(1) 按 Ctrl+O 键，打开素材文件中的"图库\04\照片 01.jpg"图片文件。

(2) 单击工具箱中的 🔍 按钮，在画面中按下鼠标左键向右下角拖曳，状态如图 4-21 所示，到适当的位置后释放鼠标左键，局部放大显示照片。

(3) 单击工具箱中的 🩹 按钮，然后单击属性栏中的 按钮，弹出【画笔】选项面板，参数设置如图 4-22 所示。

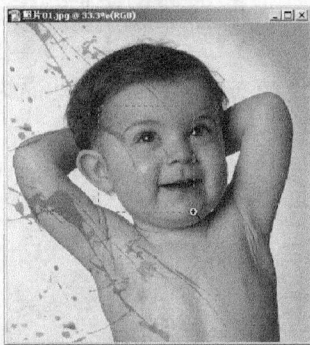

图4-21　拖曳鼠标状态

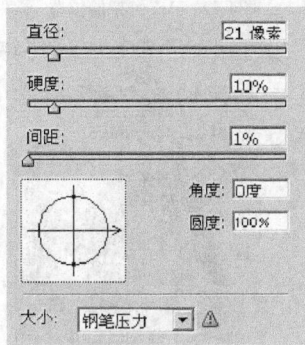

图4-22　【画笔】选项面板

(4) 按住 Alt 键，在如图 4-23 所示的位置单击鼠标左键，设置图像复制取样点。

(5) 释放 Alt 键，在照片中有污渍的位置按下鼠标左键拖曳，如图 4-24 所示。

鼠标光标的位置

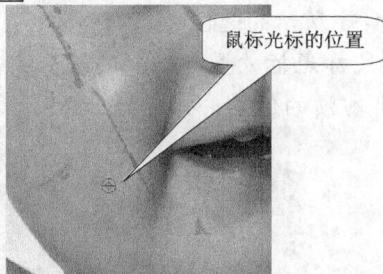

图4-23　单击鼠标的位置

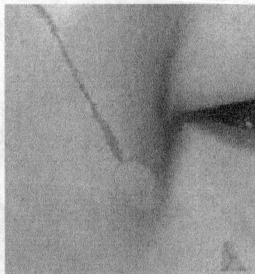

图4-24　进行修复状态

(6) 继续沿照片中有污渍的位置拖曳鼠标，状态如图 4-25 所示。

(7) 到适当的位置后，释放鼠标左键，修复后的效果如图 4-26 所示。

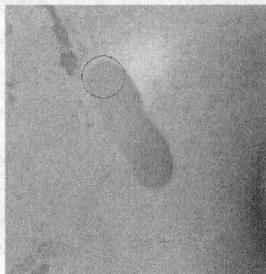

图4-25　沿有污渍的位置拖曳鼠标状态

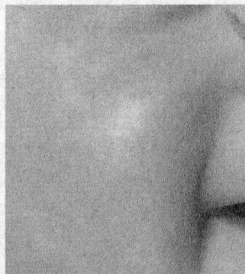

图4-26　修复后的效果

(8) 使用相同的方法，按住 Alt 键，将鼠标光标放置在如图 4-27 所示的位置。

(9) 单击鼠标左键设置取样点，在照片中有污渍的位置按下鼠标左键，沿有污渍的位置拖曳进行修复，其状态如图 4-28 所示。

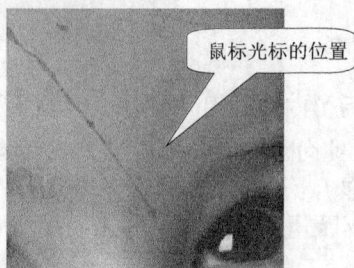

图4-27　单击鼠标的位置

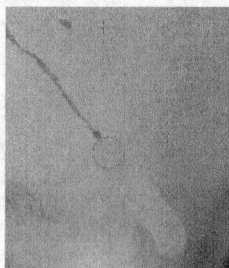

图4-28　修复污渍状态

(10) 用此方法继续对小孩的面部和头发上的污渍进行修复，完成后的效果如图 4-29 所示。

(11) 单击工具箱中的 按钮，在小孩的胸脯上没有污渍的位置按住鼠标左键拖曳绘制选区，状态如图 4-30 所示。

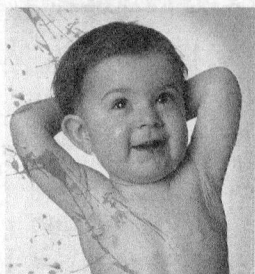

图4-29　小孩面部和头发修复后的效果

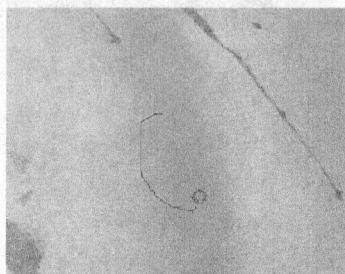

图4-30　选择图像状态

(12) 拖曳鼠标到绘制的起点时释放，绘制出如图 4-31 所示的选区。

(13) 在属性栏中选中【目标】单选按钮，然后将鼠标光标放置到绘制的选区中，按住鼠标左键拖曳，将选区中的图像放置到照片中带有污渍的位置，状态如图 4-32 所示。

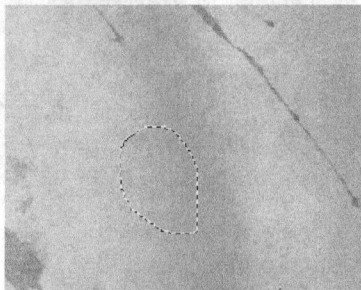

图4-31　绘制出的选区

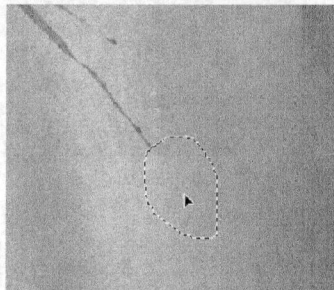

图4-32　选区中的图形拖曳移动状态

(14) 释放鼠标左键，其修复后的效果如图 4-33 所示。利用此方法对照片中小孩身上的污渍进行修复，修复后的照片效果如图 4-34 所示。

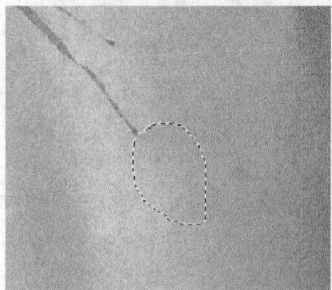

图4-33　修复后的图像效果

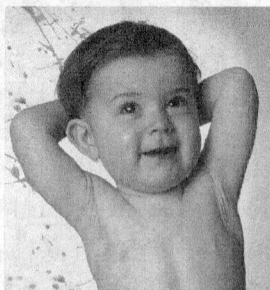

图4-34　修复后的照片效果

(15) 单击工具箱中的 按钮，将鼠标光标放置在小孩身体的边缘位置，单击鼠标左键，确

定选区的第一点，沿小孩身体的边缘轮廓绘制选区，其状态如图4-35所示。

(16) 在当前窗口中不能显示图像的其他位置时，可以按住空格键，此时，鼠标光标将切换
成 🖐 形状，在画面中按住鼠标左键并拖曳，可以通过平移图像来显示图像的其他位
置，其平移状态如图4-36所示。

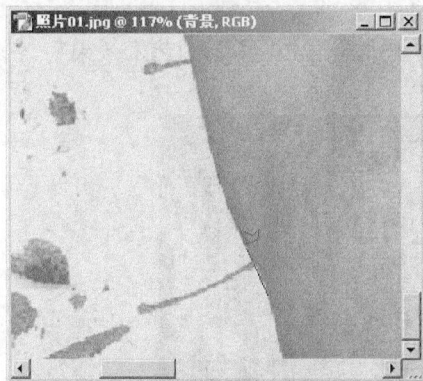

图4-35　绘制选区状态

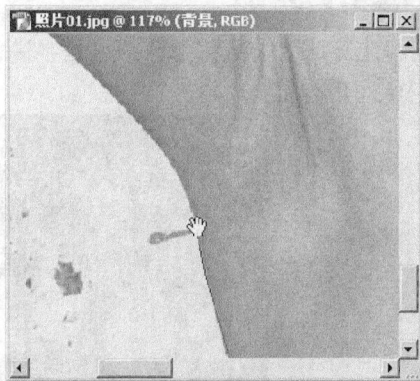

图4-36　平移图像状态

(17) 用此方法围绕小孩图像的边缘轮廓绘制出选区，如图4-37所示。

(18) 选择菜单栏中的【选择】/【反选】命令，将绘制的选区反选，反选后的选区形态如图
4-38所示。

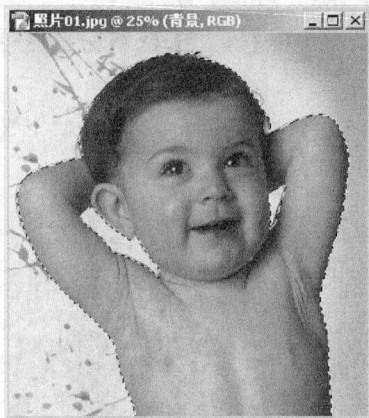

图4-37　绘制出的选区

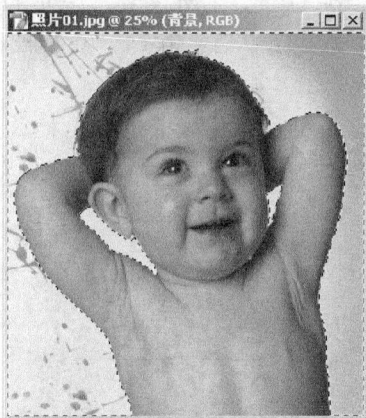

图4-38　反选后的选区形态

(19) 将反选后的选区填充白色，按 Ctrl+D 键去除选区。至此，照片修复完成。

(20) 按 Shift+Ctrl+S 键，将修复后的照片命名为"练习03.jpg"进行保存。

练习总结

　　在照片修复过程中主要利用了【修复画笔】工具和【修补】工具，虽然这两种工具都可以
对图像进行修复，但根据不同的情况，读者可以选用合适的修复工具，这样既节省时间，又可以
使修复后的效果更加真实。

上机练习4　【涂抹】工具

　　本练习将通过艺术效果字的制作，进一步熟悉【涂抹】工具的使用方法。

- 掌握【涂抹】工具的使用方法与应用技巧。

练习内容

利用【涂抹】工具将打开的火焰字进行涂抹，制作出如图 4-39 所示的艺术效果字（参见素材文件\练习内容图片\04）。

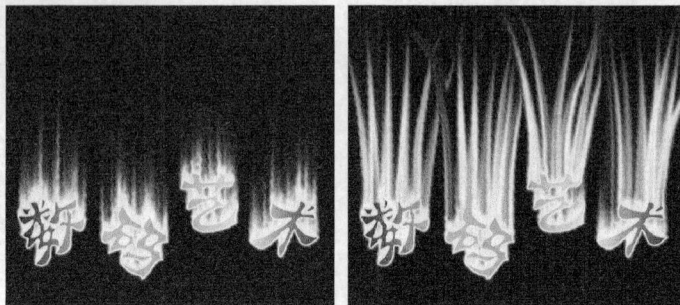

图4-39　效果字原图与涂抹出的艺术效果

操作步骤

(1) 按 Ctrl+O 键，打开素材文件中的"图库\04\火焰字.jpg"图片文件。

(2) 单击工具箱中的 按钮，在属性栏中单击 按钮，弹出【画笔】选项面板，设置笔尖参数如图 4-40 所示。

(3) 笔尖设置完成后，将鼠标光标放置在火焰字的火焰上，按下鼠标左键向上拖曳，将火焰字中的火焰进行涂抹，其状态如图 4-41 所示。

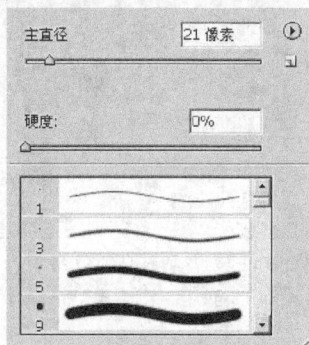

图4-40　【画笔】选项面板参数设置

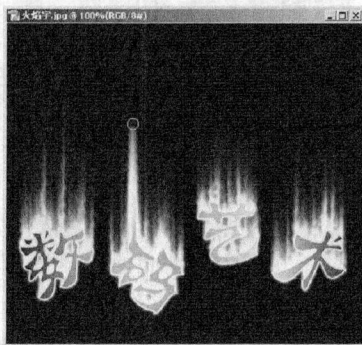

图4-41　涂抹火焰状态

(4) 继续涂抹火焰，制作出如图 4-39 所示的艺术效果字。

(5) 按 Shift+Ctrl+S 键，将涂抹制作的艺术效果字命名为"练习 04.jpg"进行保存。

练习总结

进行火焰字的涂抹时，一定要将笔尖放置在文字的火焰上，如果放置在文字上涂抹，将会使文字也发生涂抹变形。在进行涂抹时，如果涂抹一次所产生的效果不明显，可以再次进行涂抹，直至得到满意的效果为止。

第5章 路径工具和矢量图形工具

路径和矢量图形在实际工作中的应用非常广泛，例如复杂背景中的图像选取，标志、卡通图形的绘制、霓虹灯效果的制作等，都离不开路径和矢量图形工具的使用。熟练掌握路径和矢量图形工具的使用有助于提高图像处理和图形绘制的速度和精确度。

上机练习1 路径工具

本练习通过选取照片背景中的人物进行艺术照片的合成，进一步熟悉路径工具和路径调整工具的使用方法与操作技巧。

练习目的

- 掌握路径工具的使用方法和操作技巧。
- 掌握路径调整工具的使用方法和操作技巧。

练习内容

利用路径工具和路径调整工具将照片背景中的人物选取后与准备的模板素材图片进行合成，完成如图 5-1 所示的艺术照片合成效果（参见素材文件\练习内容图片\05）。

图5-1 制作的艺术照片合成效果

操作步骤

(1) 按 Ctrl+O 键,打开素材文件中的"图库\05\照片模板.psd"和"儿童.jpg"图片文件,如图 5-2 所示。

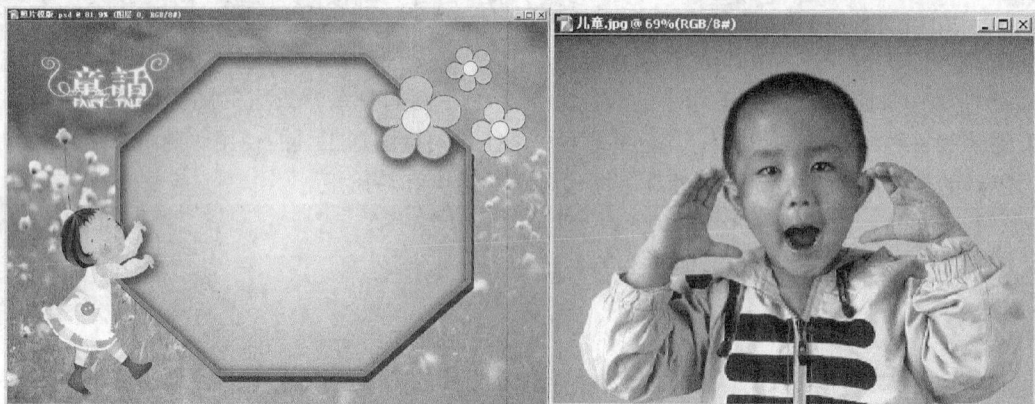

图5-2 打开的图片文件

下面利用路径工具将人物从照片的背景中选取出来。在进行人物的选取时,为了使操作更加便捷,选取的人物更加精确,可以将图像窗口设置为满画布显示。

(2) 将名为"儿童.jpg"的图片设置为工作状态。连续按两次 F 键,将窗口切换成全屏模式显示,如图 5-3 所示。

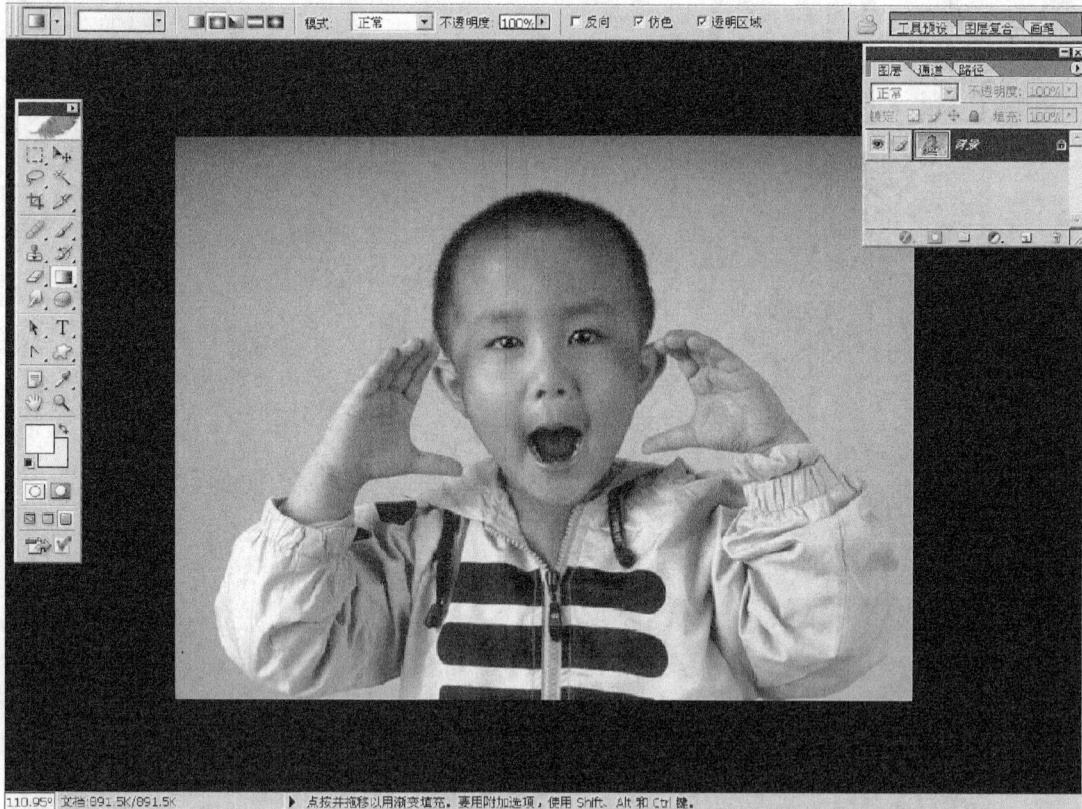

图5-3 切换成全屏模式后的图像窗口显示

(3) 单击 🔍 按钮,在画面中连续单击,放大显示画面,如图 5-4 所示。

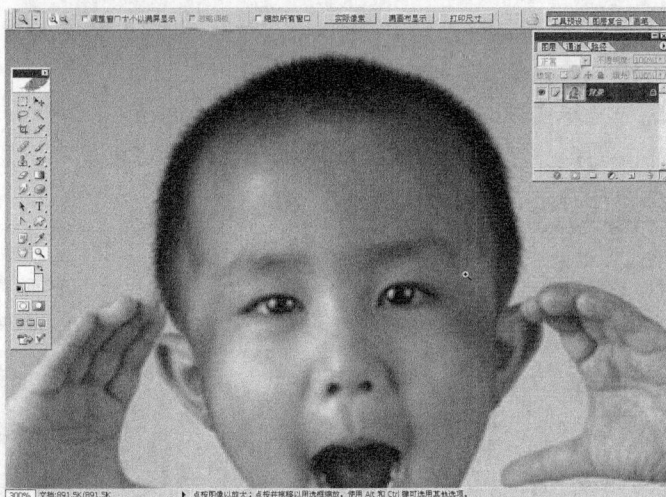

图5-4　放大显示后的画面

(4) 单击工具箱中的 ![按钮] 按钮，在人物头部的边缘处单击鼠标左键添加第一个控制点，如图 5-5 所示。

(5) 将鼠标光标移动到图像结构转折的位置，单击鼠标左键，添加第二个控制点，如图 5-6 所示。

图5-5　添加的第一个控制点

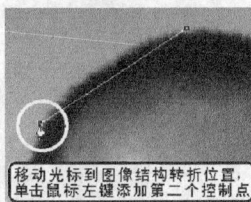

图5-6　添加的第二个控制点

由于将画面进行了放大显示，所以只能显示画面中的部分图像，在添加路径控制点时，绘制到窗口的边缘位置后就无法再沿着图像边缘添加控制点了，如图 5-7 所示。此时可以按住空格键，当鼠标光标切换成【抓手】工具将图像平移后，再绘制路径。

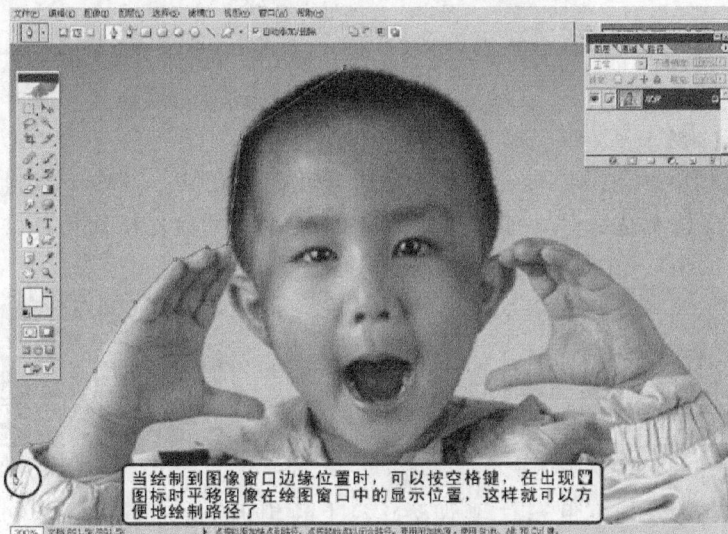

图5-7　绘制路径到窗口的边缘位置

(6) 按住空格键，此时鼠标光标将变为抓手形状。按住鼠标左键拖曳，平移图像在窗口中的显示位置，如图 5-8 所示。

(7) 松开空格键，鼠标光标变回钢笔形状，继续单击绘制路径。

(8) 当绘制路径的终点与起点重合时，在鼠标光标的右下角将出现一个圆形标志，如图 5-9 所示，此时单击即可将路径闭合。

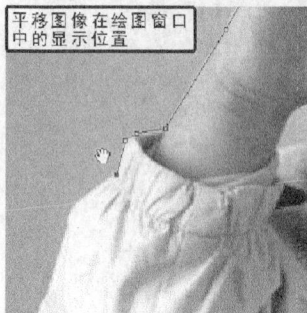

图5-8　拖曳鼠标平移图像

图5-9　起点与终点重合时的鼠标光标显示

(9) 单击鼠标左键，将路径闭合，如图 5-10 所示。

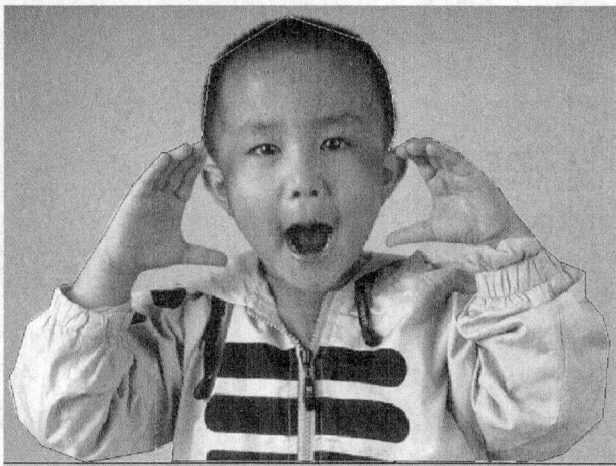

图5-10　绘制的闭合路径

接下来利用工具箱中的 工具调整路径，使其紧贴图像的边缘。

(10) 单击工具箱中的 按钮，在路径的控制点上按住鼠标左键拖曳，此时将出现两条控制柄，如图 5-11 所示。

(11) 拖曳鼠标调整控制柄，将路径平滑调整后释放鼠标左键。当路径控制点添加的位置没有紧贴在图像轮廓边缘时，可以通过按 Ctrl 键，将鼠标光标放置在控制点上拖曳来移动控制点的位置，如图 5-12 所示。

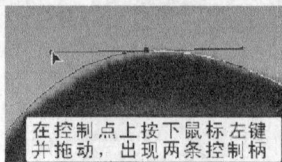

图5-11　拖曳鼠标出现的控制柄

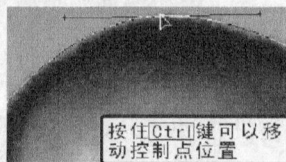

图5-12　调整控制点位置

(12) 用同样的调整方法，利用 工具调整路径上的其他控制点，调整其他控制点时同样会出现两个对称的控制柄，如图 5-13 所示。

(13) 释放鼠标左键，此控制柄被锁定。在控制点另一边的控制柄上拖曳鼠标并调整路径，如图 5-14 所示。

图5-13　出现的对称控制柄

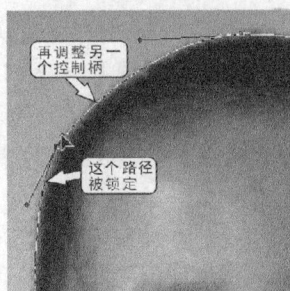

图5-14　调整另一个控制柄

(14) 利用工具箱中的 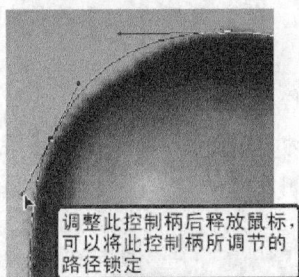 工具依次对路径上的控制点进行调整，使路径紧贴在人物的轮廓边缘位置，如图 5-15 所示。

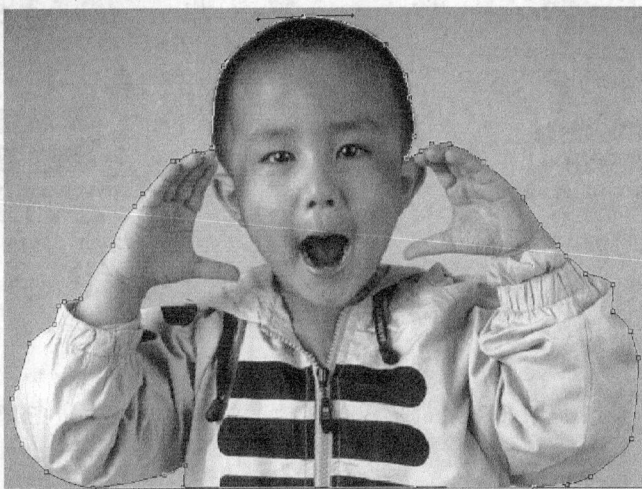

图5-15　调整后的路径

(15) 按 Ctrl+Enter 键，将路径转换成选区，如图 5-16 所示。

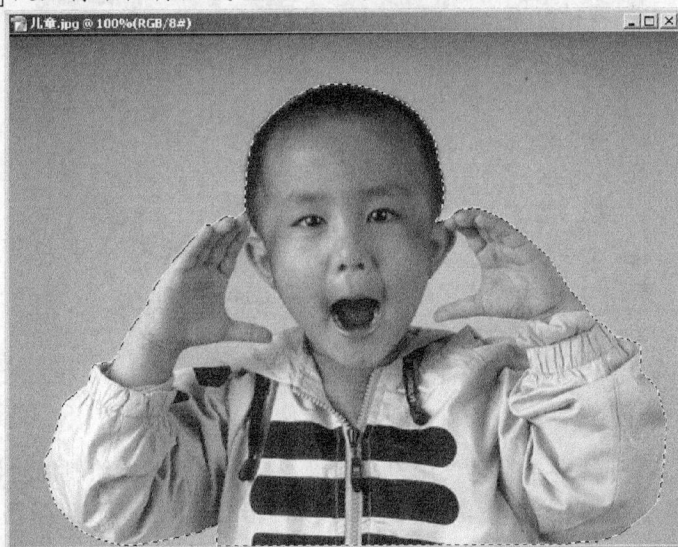

图5-16　路径转换成的选区

(16) 单击工具箱中的 ⊕ 按钮，将选取的人物移动到 "照片模板.psd" 图片中，同时生成 "图层 2"，将生成的 "图层 2" 放置在 "图层 0" 的下面。

(17) 按 Ctrl + T 键，为图片添加变换框。按住 Shift + Alt 键，在变换框右上角的控制点上按住鼠标左键拖曳，将图片等比例缩小，如图 5-17 所示。

(18) 将图片缩小后按 Enter 键，确认图片的等比例缩小操作。

(19) 单击工具箱中的 ✎ 按钮，在属性栏中设置【容差】为 "10 像素"，并将【连续的】复选框勾选，然后单击 ⬚ 按钮，分别在人物的头部两侧没有去除的灰色背景位置单击鼠标左键添加选区，如图 5-18 所示。

图5-17 等比例缩小图片状态　　　　　　　　　图5-18 添加的选区

(20) 按 Delete 键，将选择的多余部分删除，删除后的效果如图 5-19 所示。

(21) 按 Ctrl + D 键去除选区，此时完成了艺术照片的合成效果制作，整体效果如图 5-1 所示。

(22) 按 Shift + Ctrl + S 键，将组合完成的图像命名为 "练习 01.psd" 进行保存。

图5-19 删除多余图形后的效果

练习总结

利用路径选择图像时，要学会其使用方法和操作技巧，在开始绘制路径添加控制点时，添加的控制点并非越多越好，要根据图像转折结构的实际情况来添加。在调整路径时，首先要将控制点一侧的路径调整好，然后调整另一侧的路径，此时调整好的路径将被锁定，无论怎样调整都不会对另一侧的路径有所影响。

上机练习2　【路径】面板

本练习将通过一个霓虹灯效果的制作，进一步熟悉【路径】工具的调整以及【路径】面板的使用方法。

练习目的

- 掌握路径的绘制与调整方法。
- 掌握【路径】面板的使用方法。
- 了解【画笔】工具的笔尖设置。

练习内容

利用路径工具和【路径】面板绘制完成如图 5-20 所示的霓虹灯效果（参见素材文件\练习内容图片\05）。

操作步骤

(1) 按 Ctrl+N 键，在弹出的【新建】对话框中创建【宽度】为"15 厘米"、【高度】为"20 厘米"、【分辨率】为"150 像素/英寸"、【颜色模式】为"RGB 颜色"、【背景内容】为"白色"的新文件。

(2) 将工具箱中的前景色设置为深蓝色（C:92,M:95,Y:38,K:62），背景色设置为蓝色（C:90,M:95）。

图5-20　绘制完成的霓虹灯效果

(3) 单击工具箱中的 ██ 按钮，按住 Shift 键，在画面中由下至上拖曳鼠标，填充从前景到背景的线性渐变色，效果如图 5-21 所示。

(4) 选择工具箱中的 🌥 工具，激活属性栏中的 ▓ 按钮，然后单击属性栏中的 →· 按钮，在弹出的【自定形状】面板中选择如图 5-22 所示的形状。

(5) 按住 Shift 键，在画面中绘制出一个"灯泡"形状的路径，如图 5-23 所示。

图5-21　填充渐变色后的效果

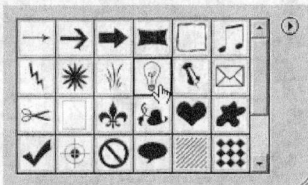

图5-22　【自定形状】面板

图5-23　绘制出的路径

(6) 单击【图层】面板下方的 按钮，新建"图层 1"，然后将工具箱中的前景色设置为暗红色（C:35,M:100,Y:50,K:25）。

(7) 单击工具箱中的 按钮，在属性栏中单击 按钮，在弹出的【画笔预设】面板中设置其参数，如图 5-24 所示。

(8) 打开【路径】面板，单击面板底部的 按钮，利用设置的画笔笔尖描绘路径，描绘路径后的画面效果如图 5-25 所示。

(9) 将工具箱中的前景色设置为白色，按 F5 键，在弹出的【画笔预设】面板中将笔尖【直径】设置为"10 像素"，其他参数不变。

(10) 单击【路径】面板底部的 按钮，利用设置的画笔笔尖描绘路径，然后在【路径】面板中的灰色区域处单击，隐藏路径，描绘路径后的效果如图 5-26 所示。

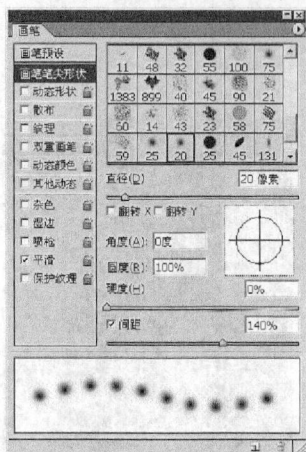

图5-24 【画笔预设】面板　　　　图5-25 描绘路径后的效果　　　　图5-26 描绘路径后的效果

(11) 单击工具箱中的 T 按钮，在画面中输入如图 5-27 所示的白色英文字母。

(12) 按住 Ctrl 键，单击【图层】面板中的"文字"层，为输入的英文字母添加选区，添加选区后的形态如图 5-28 所示。

(13) 将"文字"层删除，然后在【路径】面板中单击右上角的 按钮，在弹出的下拉菜单中选择【建立工作路径】命令，再在弹出的【建立工作路径】对话框中将【容量】设置为"0.5 像素"，单击 好 按钮，选区转换成路径后的形态如图 5-29 所示。

图5-27 输入的文字　　　　图5-28 添加的选区　　　　图5-29 转换为路径后的形态

(14) 将工具箱中的前景色设置为黄色（C:100,Y:73），单击工具箱中的 ✎ 按钮，按 F5 键，在弹出的【画笔预设】面板中设置参数，如图 5-30 所示。

(15) 新建"图层 2"，单击【路径】面板底部的 ⬭ 按钮描绘路径，然后在【路径】面板中的灰色区域处单击，隐藏路径，描绘路径后的效果如图 5-31 所示。

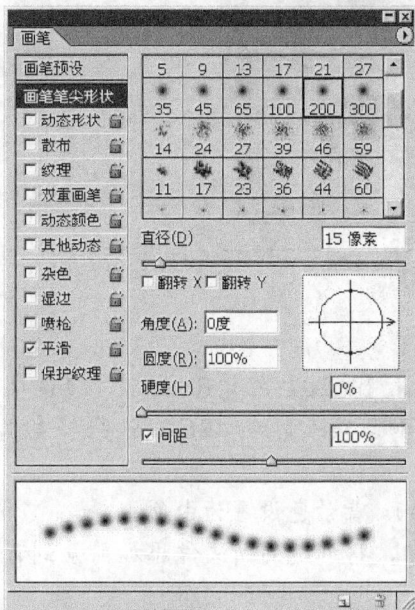

图5-30 【画笔预设】面板

图5-31 描绘路径后的效果

(16) 按 Shift+Ctrl+S 键，将文件命名为"练习 02.psd"进行保存。

练习总结

利用【路径】面板中的描绘路径功能可以制作出各种类型的霓虹灯效果，其霓虹灯效果是否漂亮与路径的形状和画笔笔尖的设置有很大的关系。

上机练习 3　矢量图形工具

本练习通过圣诞贺卡的制作，进一步熟悉路径和矢量图形工具的基本使用方法。

练习目的

* 掌握路径和矢量图形工具的使用方法。
* 掌握【渐变】工具的使用方法。
* 了解变形文本的制作。

练习内容

利用路径工具和矢量图形工具绘制完成的圣诞贺卡整体效果如图 5-32 所示（参见素材文件\练习内容图片\05）。

图5-32 绘制完成的圣诞贺卡

操作步骤

(1) 按 Ctrl+N 键，在弹出的【新建】对话框中，设置【宽度】为 "10 厘米"、【高度】为 "7.5 厘米"、【分辨率】为 "200 像素/英寸"、【颜色模式】为 "RGB 颜色"、【背景内容】为 "白色"，创建新文件。

(2) 将工具箱中的前景色设置为深蓝色（C:100,M:100），背景色设置为白色。

(3) 单击工具箱中的 按钮，激活属性栏中的 按钮，将创建的新文件添加前景到背景的渐变色。

(4) 在【图层】面板中新建 "图层 1"，将工具箱中的前景色设置为白色。

(5) 单击工具箱中的 按钮，选择合适的笔尖后，将属性栏中的【模式】设置为 "溶解"，在画面的底部喷绘白色，绘制出画面中的雪地效果。

(6) 单击工具箱中的 按钮，然后单击属性栏中的 按钮，弹出【形状】面板，选择如图 5-33 所示的树形形状。

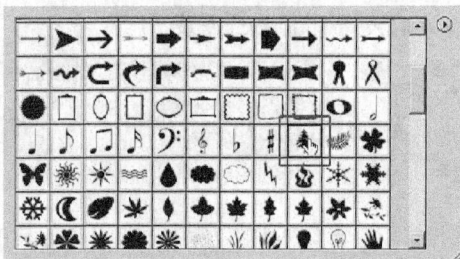

图5-33 选择的树形形状

(7) 激活属性栏中的 按钮，在画面中拖曳鼠标，绘制出雪地上的树形，用此方法制作出如图 5-34 所示的画面。

图5-34 绘制出的树形

(8) 在【图层】面板中新建"图层 2"。选中工具箱中的 ![]按钮和 ![]按钮，绘制调整出如图 5-35 所示的路径形状。

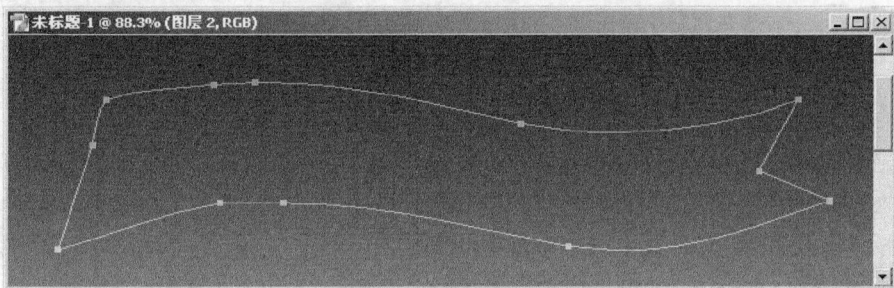

图5-35 绘制调整出的路径形状

(9) 按 Ctrl + Enter 键，将绘制调整的路径转换成选区，然后填充紫色（C:50,M:80）。

(10) 在【图层】面板中将"图层 2"复制生成"图层 2 副本"，将复制出的图形填充蓝色（C:60），并将其向上移动位置，去除选区，如图 5-36 所示。

图5-36 复制出的图形移动位置后的形态

(11) 将工具箱中的前景色设置为黄色（Y:100），单击工具箱中的 T 按钮，在制作的图形中输入"祝你圣诞快乐"文字，并在属性栏中单击 ![]按钮，在弹出的【变形文字】对话框中设置选项及参数，如图 5-37 所示。

(12) 参数设置完成后单击 好 按钮，变形后的文字效果如图 5-38 所示。

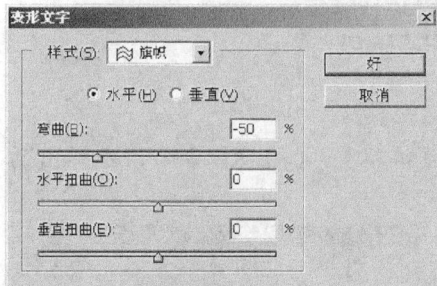

图5-37 【变形文字】对话框

图5-38 变形后的文字效果

(13) 选择菜单栏中的【图层】/【栅格化】/【文字】命令，将文字层转换成普通层。

(14) 按住 Ctrl 键，在文字所在的图层上单击，添加选区。

(15) 选择菜单栏中的【选择】/【修改】/【扩展】命令，弹出【扩展选区】对话框，将【扩展量】设置为"1像素"，如图 5-39 所示。

(16) 参数设置完成后，单击 好 按钮。

(17) 将工具箱中的前景色设置为白色，选择菜单栏中的【编辑】/【描边】命令，弹出【描边】对话框，其选项及参数设置如图 5-40 所示。

图5-39　【扩展选区】对话框

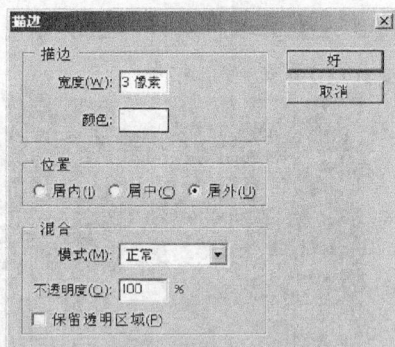

图5-40　【描边】对话框

(18) 选项及参数设置完成后，单击 好 按钮，去除选区，描边后的文字效果如图
　　　5-41 所示。

图5-41　描边后的文字效果

(19) 在【图层】面板中新建"图层 3"，将工具箱中的前景色设置为黄色（Y:100）。

(20) 单击工具箱中的 按钮，在【形状】面板中选择如图 5-42 所示的五角星。

图5-42　选择五角星

(21) 利用形状图形在画面中绘制如图 5-43 所示的五角星图形。

(22) 将工具箱中的前景色设置为黑色，选择菜单栏中的【编辑】/【描边】命令，在弹出的
　　　【描边】对话框中设置其选项及参数，如图 5-44 所示。

图5-43　绘制的五角星

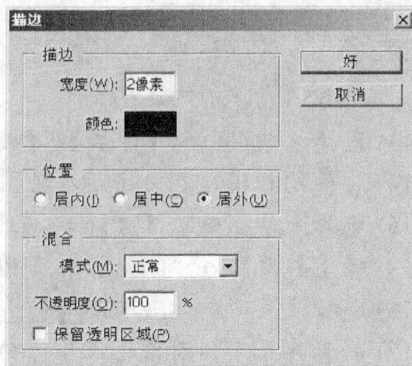

图5-44　【描边】对话框

(23) 选项及参数设置完成后，单击 [好] 按钮，描边后的图形效果如图 5-45 所示。

(24) 复制描边后的五角星，分别设置不同的颜色并调整不同的大小和角度，然后在【图层】面板中设置不透明度，制作出如图 5-46 所示的画面效果。

图5-45 描边后的图形效果

图5-46 复制调整出的五角星

(25) 在【图层】面板中新建"图层 5"，用同样的方法在画面中绘制一些雪花图形，效果如图 5-47 所示。

(26) 在【图层】面板中新建"图层 6"，将工具箱中的前景色设置为白色，背景色设置为紫色（C:20,M:60）。

(27) 单击工具箱中的 按钮，在画面中绘制椭圆形选区。

(28) 单击工具箱中的 按钮，激活属性栏中的 按钮，为绘制的选区添加前景到背景的径向渐变色，制作出的气球效果如图 5-48 所示。

图5-47 绘制出的雪花图形

图5-48 制作出的气球

(29) 将工具箱中的前景色设置为紫色（C:20,M:70），选择菜单栏中的【编辑】/【描边】命令，在弹出的【描边】对话框中将【宽度】设置为"2 像素"，选中【居中】单选按钮，然后单击 [好] 按钮，去除选区，描边后的气球效果如图 5-49 所示。

(30) 利用变形框将制作的气球等比例缩小后放置在画面的左上角，用同样的方法再制作出 3 个气球，如图 5-50 所示。

图5-49 描边后的气球效果

图5-50 制作出的其他气球

(31) 在【图层】面板中分别对气球进行复制，然后分别将复制出的气球水平翻转后放置在画面的右上角位置，如图 5-51 所示。

(32) 按 Ctrl+O 键，打开素材文件中的 "图库\05\雪人.psd" 图片文件。

(33) 将图片中的雪人移动复制到画面中，并调整至如图 5-52 所示的大小及位置。

图5-51 制作出的气球

图5-52 雪人调整的大小及位置

(34) 单击工具箱中的 按钮，在【形状】面板中选择一些音乐符号，在画面中下面的位置绘制一些音乐符号来渲染画面的气氛。

(35) 选择菜单栏中的【编辑】/【描边】命令，将绘制的音乐符号向外描绘 "2 像素" 的黑边。

至此，圣诞贺卡绘制完成，其整体效果如图 5-32 所示。

(36) 按 Shift+Ctrl+S 键，将绘制完成的贺卡命名为 "练习 03.psd" 进行保存。

练习总结

本例中圣诞贺卡的绘制比较繁琐，其中多次使用了路径工具，在作品的绘制中利用路径工具绘制图形是经常要使用的方法。此例除使用了大量的路径外，还使用了多种样式的矢量图形符号，对画面气氛的渲染起到重要的作用。【渐变】工具对于本实例的绘制也非常重要，需读者熟练掌握。

文字在图像处理及平面设计中是非常重要的一部分内容。好的作品不但表现在创意、图形的构成等方面，文字的编辑和应用也非常重要，而且大多数作品都离不开文字的应用。在Photoshop 中，文字可分为美术文字和段落文字两种类型。美术文字适合编排文字应用较少或需要制作特殊效果的画面，而段落文字适合编排文字应用较多的画面。

上机练习1　文字工具的基本应用

本练习将通过一幅汽车广告设计，进一步熟悉变形文字的操作和文字的基本调整方法。

练习目的

- 掌握【创建变形文本】工具的使用方法。
- 掌握文字中单个或部分文字的调整方法。

练习内容

利用移动复制、【渐变】、路径和文字工具制作出如图 6-1 所示的汽车广告（参见素材文件\练习内容图片\06）。

图6-1　设计完成的汽车广告

操作步骤

(1) 按 Ctrl+O 键，打开素材文件中的 "图库\06\广告背景.jpg" 图片文件。

(2) 在【图层】面板中新建 "图层 1"，将工具箱中的前景色设置为白色，背景色设置为蓝色（C:40）。

(3) 单击工具箱中的 ⬭ 按钮，按住 Shift 键，在画面中绘制一个圆形选区。

(4) 单击工具箱中的 ▢ 按钮，激活属性栏中的 ▢ 按钮，确认渐变类型为前景到背景渐变，在选区中添加从前景到背景的渐变色，添加渐变色状态和渐变后的效果如图 6-2 所示。

(5) 使用相同的方法在画面中绘制出多个具有渐变色的圆形，效果如图 6-3 所示。

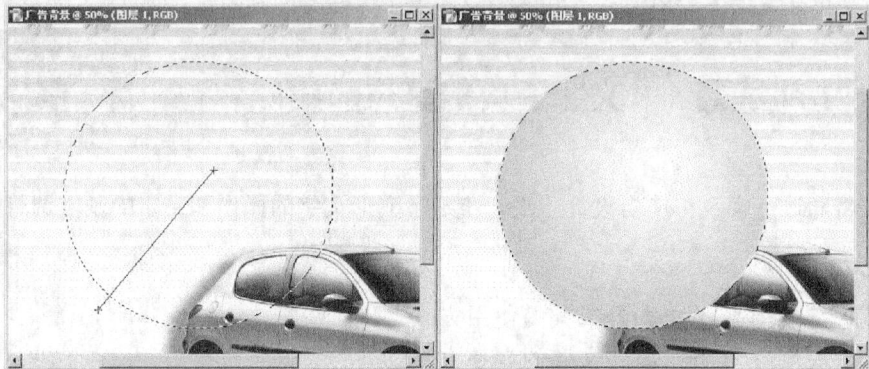

图6-2 添加渐变色状态和添加渐变色后的效果

(6) 将工具箱中的前景色设置为红色（M:100,Y:100），单击工具箱中的 T 按钮，在画面中输入 "惊爆价" 文字。

(7) 单击属性栏中的 ⊥ 按钮，弹出【变形文字】对话框，其选项及参数设置如图 6-4 所示。

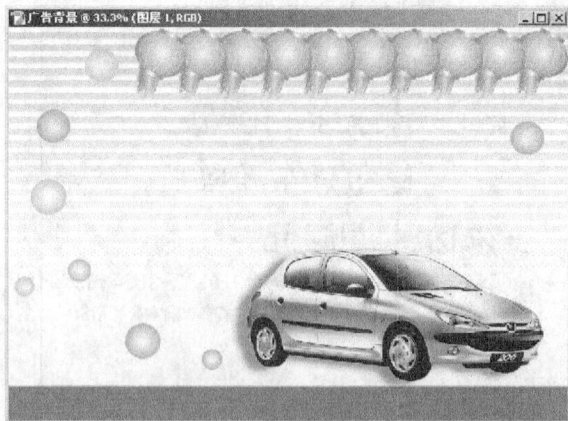

图6-3 绘制出的圆形渐变色

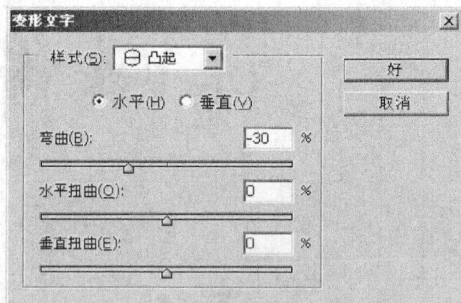

图6-4 【变形文字】对话框

(8) 单击 好 按钮，变形后的文字形状如图 6-5 所示。

(9) 选择菜单栏中的【图层】/【栅格化】/【文字】命令，将当前的文字层转换成普通层。

(10) 将工具箱中的前景色设置为黄色（Y:100），选择菜单栏中的【编辑】/【描边】命令，在弹出的【描边】对话框中，设置选项及参数，如图 6-6 所示。

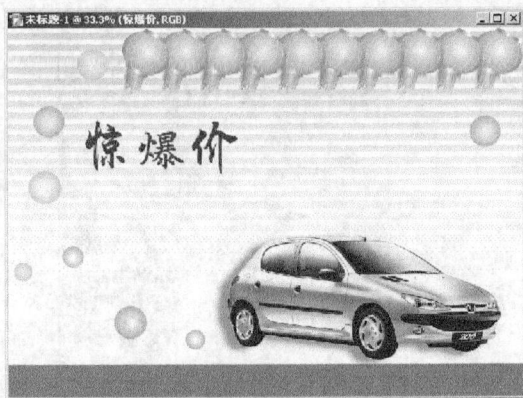

图6-5 变形后的文字形状

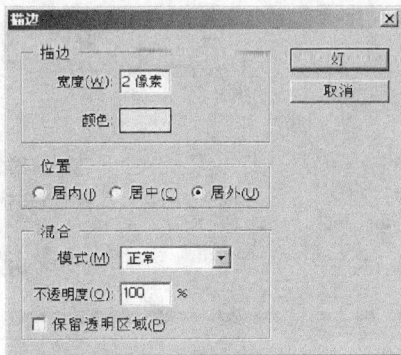

图6-6 【描边】对话框

(11) 单击 [　好　] 按钮，描边后的文字效果如图 6-7 所示。

(12) 将工具箱中的前景色设置为红色（M:100,Y:100），单击工具箱中的 T 按钮，在画面中输入"快人一步 胜人一筹"文字。

(13) 单击属性栏中的 按钮，弹出【变形文字】对话框，设置选项及参数，如图 6-8 所示。

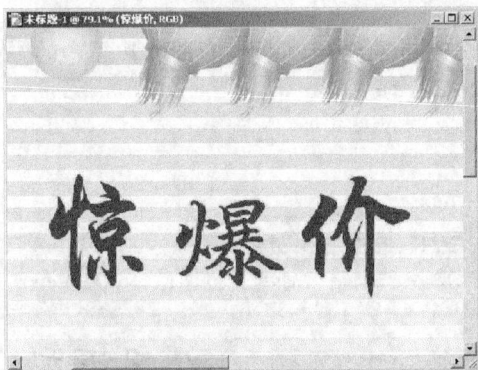

图6-7 描边后的文字效果

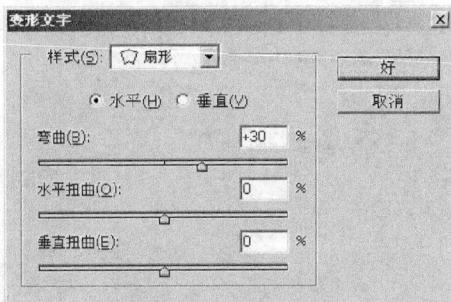

图6-8 【变形文字】对话框

(14) 单击 [　好　] 按钮，变形后的文字效果如图 6-9 所示。

(15) 按 Ctrl+T 键，为文字添加变形框，将文字旋转变形，按 Enter 键确定文字的变形操作，然后将旋转变形后的文字放置在如图 6-10 所示的位置。

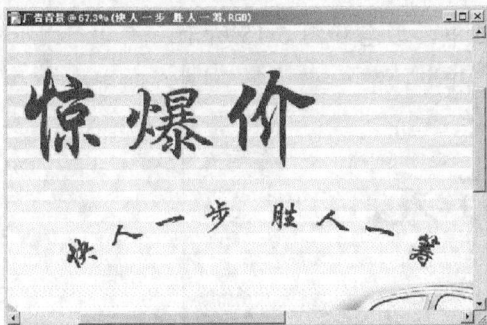

图6-9 文字变形后的效果

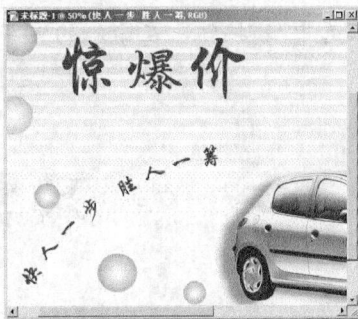

图6-10 文字变形后放置的位置

(16) 单击工具箱中的 按钮，在文字的下面绘制一个钢笔路径，如图 6-11 所示。

(17) 单击工具箱中的 按钮，将绘制的钢笔路径调整成如图 6-12 所示的形状。

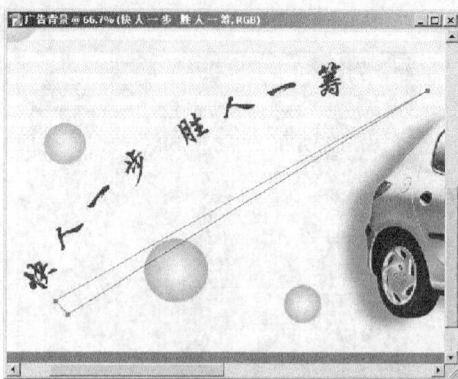

图6-11 绘制的钢笔路径

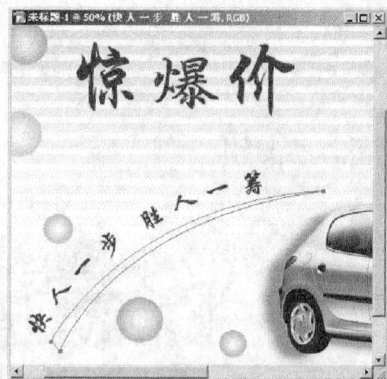

图6-12 调整后的钢笔路径形状

(18) 按 Ctrl+Enter 键，将路径转换成选区。

(19) 在【图层】面板中新建 "图层 2"，将工具箱中的前景色和背景色分别设置为红色（M:100,Y:100）和黄色（Y:100）。

(20) 单击工具箱中的 ▭ 按钮，激活属性栏中的 ▭ 按钮，确认渐变类型为前景到背景渐变，将选区添加前景到背景的线性渐变色，去除选区，添加渐变色后的效果如图 6-13 所示。

(21) 按 D 键，将工具箱中的前景色和背景色分别设置为黑色和白色，单击工具箱中的 T 按钮，在画面中输入"只需 8 万元"文字，如图 6-14 所示。

图6-13 添加渐变色后的效果

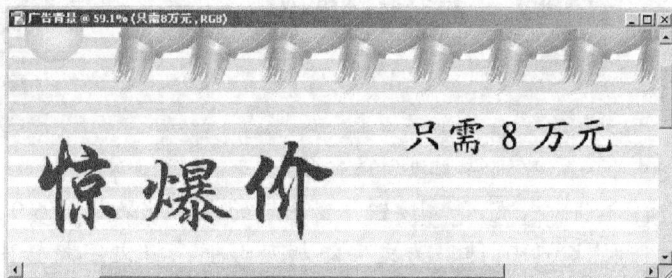

图6-14 输入的文字

(22) 确认选中 T 按钮，在输入的文字中将"8"选中，形态如图 6-15 所示。

图6-15 选择单个文字的形态

(23) 在属性栏中将 T 35点 设置为"50点"，并将 ▭ 设置为红色（M:100，Y:100），单击属性栏中的 ✓ 按钮，确定文字的修改，更改字号和颜色后的文字效果如图 6-16 所示。

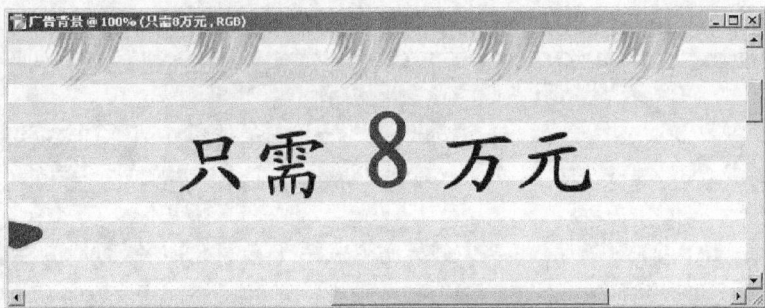

图6-16 更改字号和颜色后的文字效果

(24) 选择 T 工具，在画面中输入"绿鸟汽车开回家"文字，并将"绿鸟"文字改为黄色
（Y:100），如图 6-17 所示。

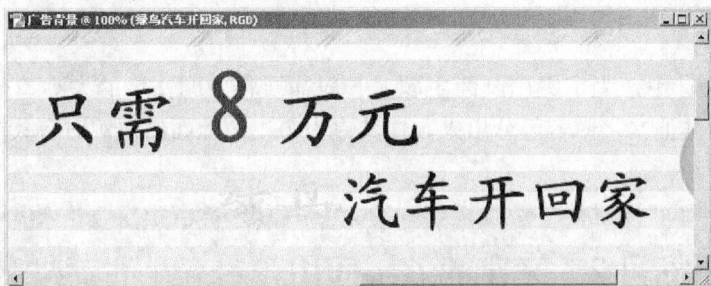

图6-17 输入的文字更改颜色后的效果

(25) 在【图层】面板中新建 "图层 3"，并放置在文字层的下面。

(26) 选择 工具，绘制一个矩形选区，填充上红色（M:100,Y:100），作为文字的背景，使
黄色的文字更为突出，效果如图 6-18 所示。

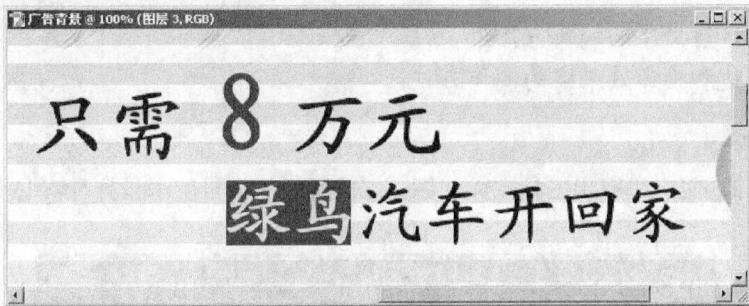

图6-18 绘制的矩形背景衬托出的文字效果

(27) 用同样的方法，制作出画面中其他的文字，效果如图 6-19 所示。

图6-19 制作出的其他文字

(28) 最后在画面中分别输入如图 6-20 所示的文字，完成汽车广告的制作。

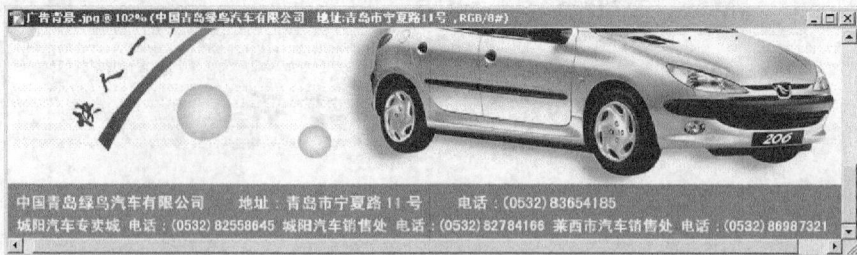

图6-20 输入的文字

制作完成的汽车广告整体效果如图 6-1 所示。

(29) 按 Shift + Ctrl + S 键，将绘制完成的广告命名为 "练习 01.psd" 进行保存。

练习总结

在广告画面设计中，为了突出画面主题，一般需要将主题文字的大小、颜色、形状或字体进行特别设置，与其他文字内容区分出来，使其更为突出。上面的实例对有关文字属性的设置和修改进行了详细介绍。

上机练习2 文字的效果应用

本练习将通过一张生日贺卡的设计，进一步熟练掌握文字的效果添加和调整方法。

练习目的

- 掌握转换后文字的编辑方法。
- 掌握描边和投影效果字的制作方法。

练习内容

利用【渐变】、文字和形状工具完成如图 6-21 所示的生日贺卡设计（参见素材文件\练习内容图片\06）。

图6-21 设计完成的贺卡

操作步骤

(1) 按 Ctrl+N 键，在弹出的【新建】对话框中将文件的【宽度】设置为 "25 厘米"、【高度】设置为 "18 厘米"、【分辨率】设置为 "150 像素/英寸"、【颜色模式】设置为 "RGB 颜色"、【背景内容】设置为 "白色"，建立一个新文件。

(2) 将工具箱中的前景色设置为黑色，然后按 Alt+Delete 键，为 "背景" 层填充上黑色。

(3) 单击【图层】面板底部的 按钮，新建 "图层 1"，再选择工具箱中的 按钮，绘制出如图 6-22 所示的矩形选区，并为其填充上黄褐色（C:35,M:60,Y:90,K:25），效果如图 6-23 所示。按 Ctrl+D 键将选区去除。

图6-22 绘制的选区　　　　　　　　　　　　　　　图6-23 填充颜色后的效果

(4) 选择菜单栏中的【滤镜】/【扭曲】/【波纹】命令，弹出【波纹】对话框，选项及参数设置如图 6-24 所示。

(5) 单击 好 按钮，效果如图 6-25 所示。

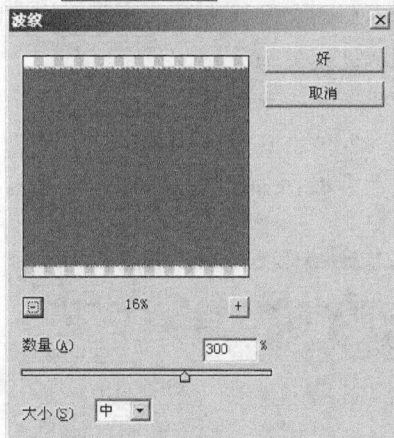

图6-24 【波纹】对话框　　　　　　　　　　　　　　图6-25 波纹效果

(6) 选择工具箱中的 工具和 工具，在画面中绘制调整出如图 6-26 所示的路径，然后按 Ctrl+Enter 键，将路径转换为选区。

(7) 在【图层】面板中新建 "图层 2"，将工具箱中的前景色设置为白色，然后按 Alt+Delete 键，为 "图层 2" 填充上白色，效果如图 6-27 所示，然后按 Ctrl+D 键将选区去除。

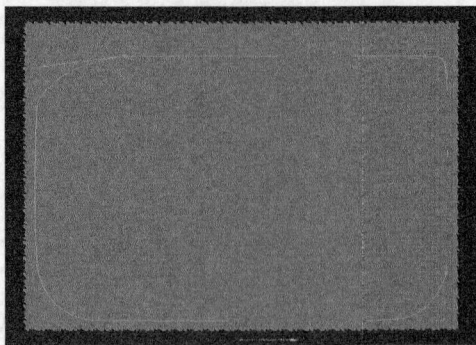

图6-26 绘制的路径

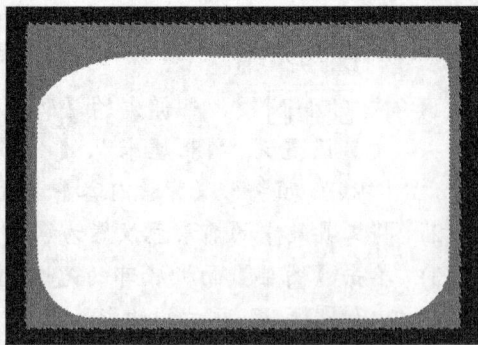

图6-27 填充颜色后的效果

(8) 选择菜单栏中的【图层】/【图层样式】/【内阴影】命令，弹出【图层样式】对话框，设置各项参数，如图 6-28 所示。

(9) 单击 好 按钮，添加内阴影样式后的效果如图 6-29 所示。

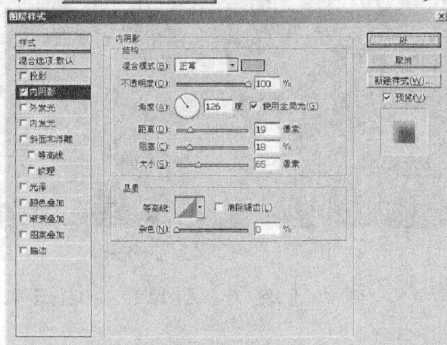

图6-28 【图层样式】对话框

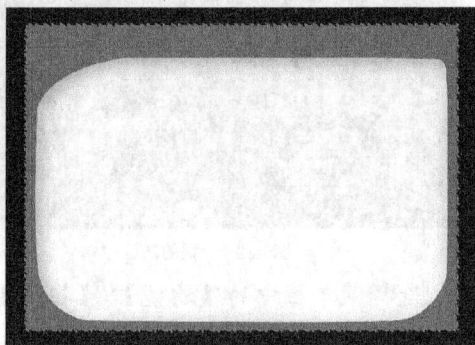

图6-29 添加内阴影样式后的效果

(10) 按住 Ctrl 键，单击【图层】面板中的"图层 2"，添加选区，然后按 Alt+Ctrl+D 键，在弹出的【羽化选区】对话框中将【羽化半径】的参数设置为"150 像素"。

(11) 单击 好 按钮，羽化后的选区形态如图 6-30 所示。

(12) 选择工具箱中的 █ 按钮，激活属性栏中的 █ 按钮，再单击属性栏中 ███ · 按钮的颜色条部分，弹出【渐变编辑器】窗口，设置渐变颜色参数，如图 6-31 所示，然后单击 好 按钮。

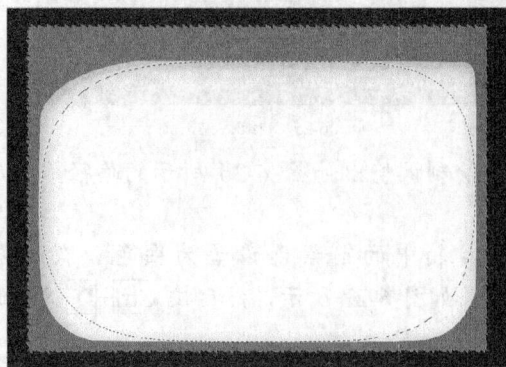

图6-30 羽化选区后的形态

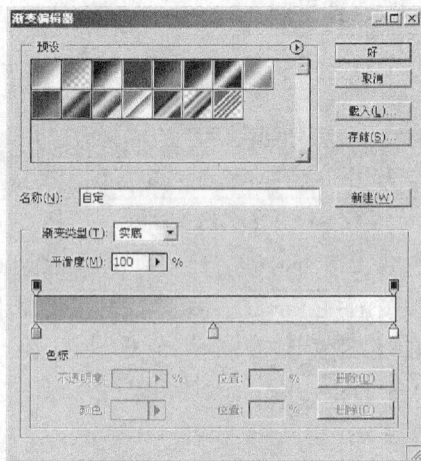

图6-31 【渐变编辑器】窗口

(13) 在【图层】面板中新建"图层 3",为选区由右至左填充设置的径向渐变色,效果如图 6-32 所示,然后按 [Ctrl]+[D] 组合键将选区去除。

(14) 按住 [Ctrl] 键,单击【图层】面板中的"图层 2",添加选区,然后按 [Shift]+[Ctrl]+[I] 键,将添加的选区反选。

(15) 确认"图层 3"为当前层,按 [Delete] 键删除选择的内容,效果如图 6-33 所示,然后按 [Ctrl]+[D] 键将选区去除。

图6-32 填充渐变色后的效果

图6-33 删除后的效果

(16) 选择工具箱中的 🔻 工具,激活属性栏中的 🔳 按钮,然后按住 [Shift] 键,绘制出如图 6-34 所示的直线路径。

(17) 在【图层】面板中新建"图层 4",然后将工具箱中的前景色设置为黄褐色 (C:35,M:60,Y:90,K:25)。

(18) 单击工具箱中的 🖊 按钮,然后单击属性栏中的 📋 按钮,弹出【画笔预设】面板,设置各项参数,如图 6-35 所示。

图6-34 绘制的路径

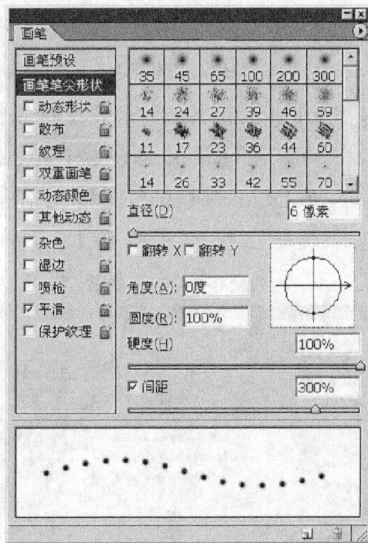

图6-35 【画笔预设】面板

(19) 打开【路径】面板,单击面板底部的 ◯ 按钮,利用设置的画笔笔尖描绘路径,然后在【路径】面板中的灰色区域处单击,隐藏路径,描绘路径后的画面效果如图 6-36 所示。

(20) 单击工具箱中的 ⊹ 按钮,按住 [Shift]+[Alt] 键,在描绘的直线上按住鼠标左键向下拖曳,将直线向下垂直移动复制,其状态如图 6-37 所示。

图6-36 描绘路径后的效果

图6-37 移动复制时的状态

(21) 用与步骤(20)相同的方法，依次复制出如图 6-38 所示的直线，然后将移动复制直线时所生成的图层同时选中，再按 Ctrl+E 键，将选择的图层合并为"图层 4"。

(22) 单击工具箱中的 按钮，激活属性栏中的 按钮，在画面中按下鼠标左键拖曳绘制出如图 6-39 所示的圆角矩形路径。

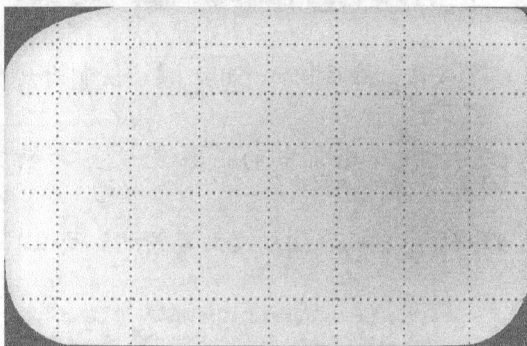

图6-38 移动复制出的直线

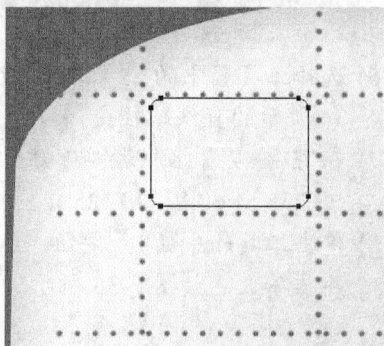

图6-39 绘制出的路径

(23) 按 Ctrl+Enter 键，将路径转换为选区，在【图层】面板中新建"图层 5"，然后将工具箱中的前景色设置为浅粉色（M:23,Y:23）。

(24) 按 Alt+Delete 键为选区填充前景色，然后按 Ctrl+D 键将选区去除。

(25) 选择菜单栏中的【图层】/【图层样式】/【混合选项】命令，弹出【图层样式】对话框，设置各项参数，如图 6-40 所示。

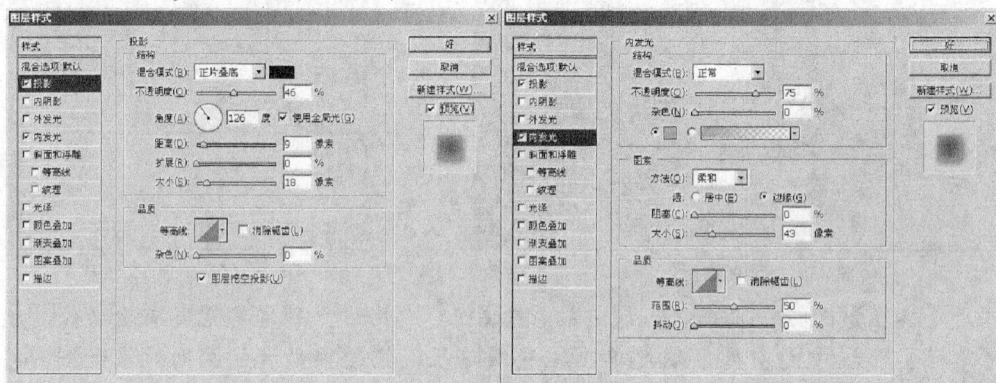

图6-40 【图层样式】对话框

(26) 单击 好 按钮，添加图层样式后的效果如图 6-41 所示。

(27) 选择工具箱中的 工具，激活属性栏中的 按钮，再单击属性栏中的 按钮，在弹出的【自定形状】面板中选择如图 6-42 所示的"心形"形状。

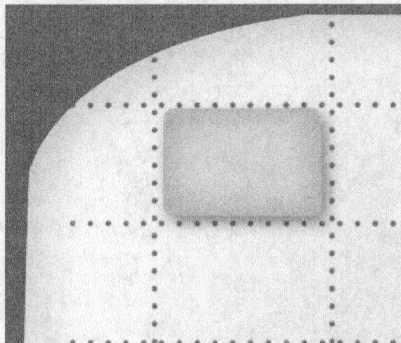

图6-41　添加图层样式后的效果

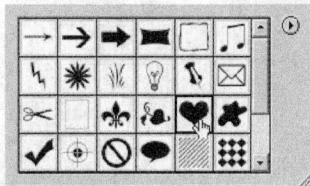

图6-42　【自定形状】面板

(28) 将前景色设置为暗粉色（C:17,M:35,B:38），然后按住 Shift 键，在画面中绘制出如图 6-43 所示的"心形"图形。

(29) 按住 Ctrl 键，单击【图层】面板中的"图层 5"，添加选区，形态如图 6-44 所示。

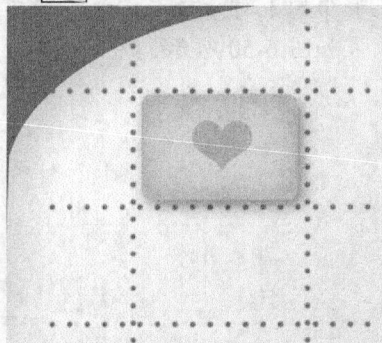

图6-43　绘制出的图形

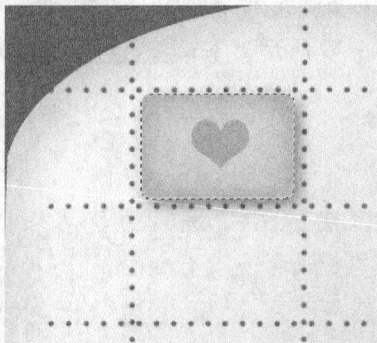

图6-44　添加的选区

(30) 单击工具箱中的 按钮，按住 Shift+Alt 键，在选区内按住鼠标左键向下拖曳，将圆角矩形向下垂直移动复制。

(31) 按 Ctrl+B 键，弹出【色彩平衡】对话框，设置各项参数，如图 6-45 所示，然后单击 好 按钮，调整后的图形效果如图 6-46 所示。

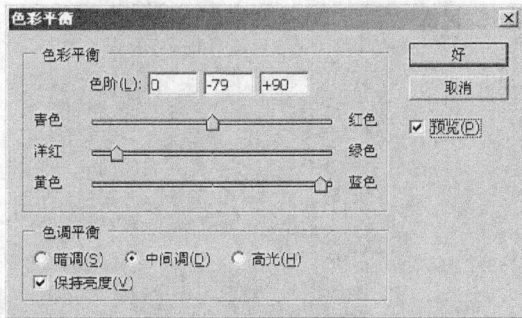

图6-45　【色彩平衡】对话框

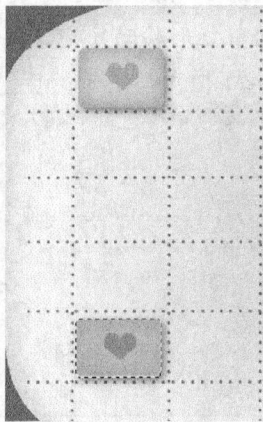

图6-46　调整后的效果

(32) 用与步骤(30)相同的方法，将圆角矩形移动复制，然后按 Ctrl+U 键，弹出【色相/饱和度】对话框，设置各项参数，如图 6-47 所示。

(33) 单击 [好] 按钮，调整后的效果如图 6-48 所示。

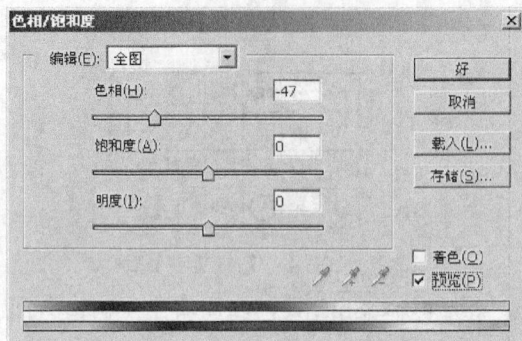

图6-47 【色相/饱和度】对话框

图6-48 调整后的效果

(34) 将圆角矩形移动复制，再按 Ctrl+B 键，弹出【色彩平衡】对话框，设置各项参数，如图 6-49 所示。单击 [好] 按钮，调整后的效果如图 6-50 所示。

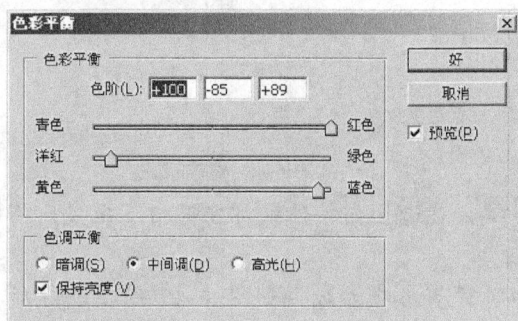

图6-49 【色彩平衡】对话框

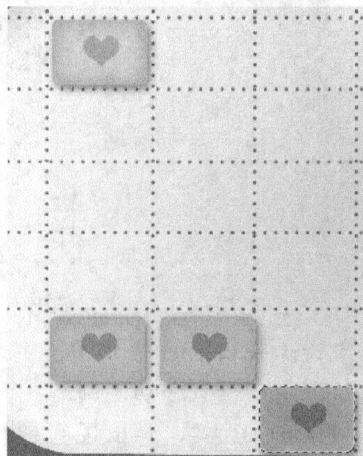

图6-50 调整后的效果

(35) 将圆角矩形移动复制，再按 Ctrl+B 键，弹出【色彩平衡】对话框，设置各项参数，如图 6-51 所示。单击 [好] 按钮，调整后的效果如图 6-52 所示。

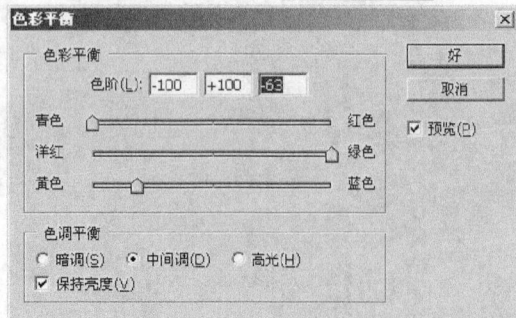

图6-51 【色彩平衡】对话框

图6-52 调整后的效果

(36) 将圆角矩形移动复制，再按 Ctrl+B 键，弹出【色彩平衡】对话框，设置各项参数，如图 6-53 所示。单击 [好] 按钮，调整后的效果如图 6-54 所示。

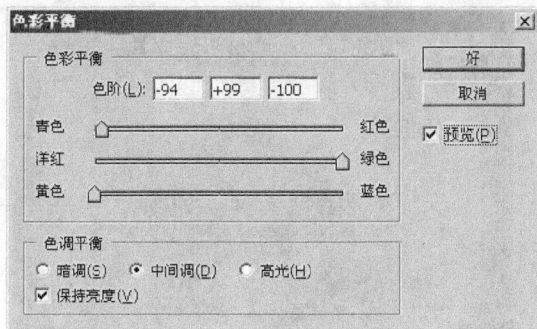

图6-53 【色彩平衡】对话框

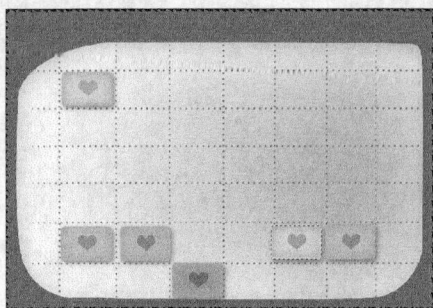

图6-54 调整后的效果

(37) 将圆角矩形移动复制，再按 Ctrl+U 键，弹出【色相/饱和度】对话框，设置各项参数，如图 6-55 所示。然后单击 好 按钮，调整后的效果如图 6-56 所示。

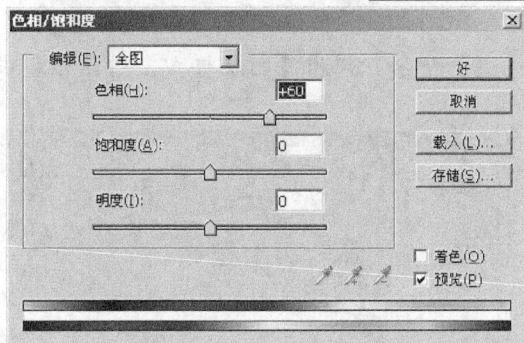

图6-55 【色相/饱和度】对话框

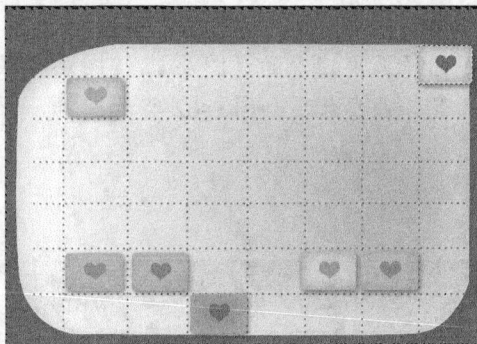

图6-56 调整后的效果

(38) 按 Ctrl+O 键，打开素材文件中的"图库\06\素材.psd"图片文件。然后将"图层 1"中的内容移动复制到新建文件中，生成"图层 6"，并将其调整至合适的大小后放置到如图 6-57 所示的位置。

(39) 选择菜单栏中的【图层】/【图层样式】/【投影】命令，弹出【图层样式】对话框，设置各项参数，如图 6-58 所示。

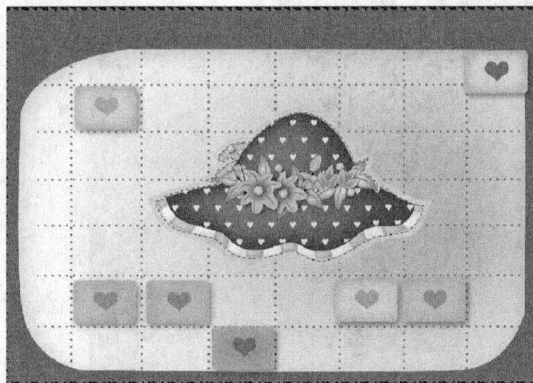

图6-57 图像放置的位置

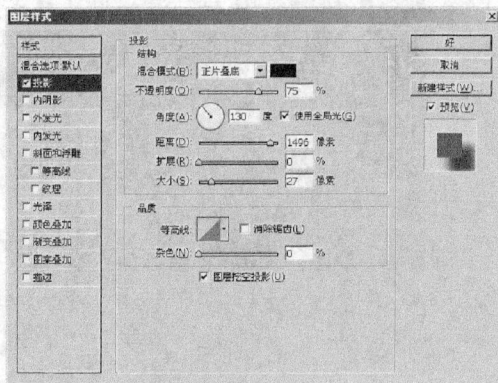

图6-58 【图层样式】对话框

(40) 单击 好 按钮，添加投影样式后的效果如图 6-59 所示。

(41) 将"素材.psd"文件中"图层 2"和"图层 3"中的内容移动复制到新建文件中，分别生成"图层 7"和"图层 8"，然后将其调整至合适的大小放置到如图 6-60 所示的位置。

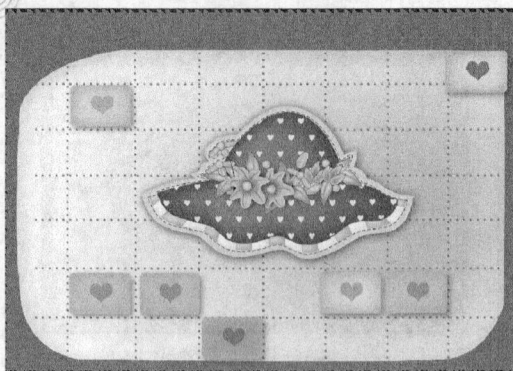

图6-59 添加投影样式后的效果

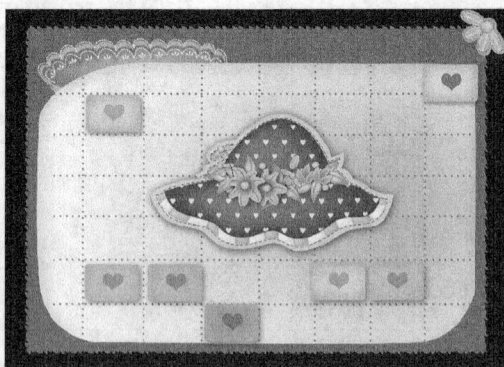

图6-60 图像放置的位置

(42) 单击工具箱中的 T 按钮，在画面中输入如图 6-61 所示的深黄色（M:45,Y:100）英文字母。

(43) 选择菜单栏中的【图层】/【图层样式】/【描边】命令，弹出【图层样式】对话框，设置各项参数，如图 6-62 所示。

图6-61 输入的英文字母

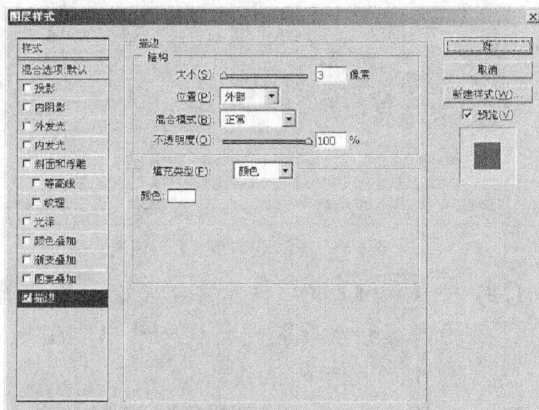

图6-62 【图层样式】对话框

(44) 单击 好 按钮，添加描边样式后的文字效果如图 6-63 所示。

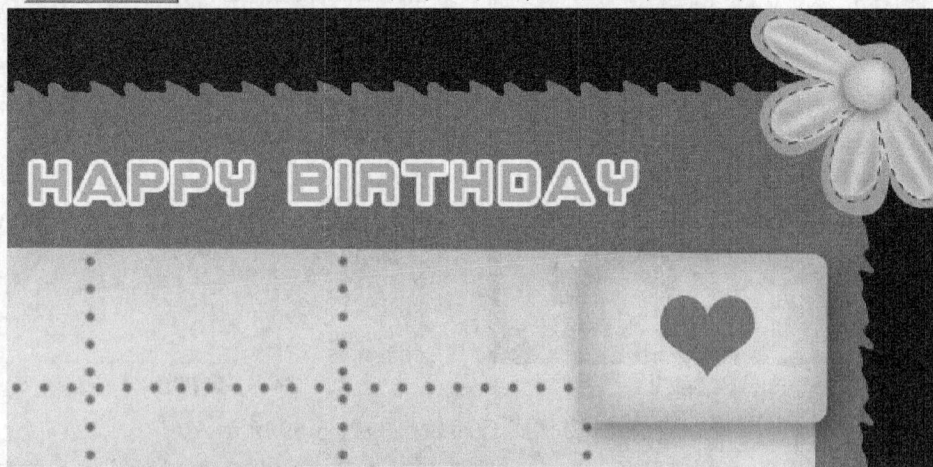

图6-63 添加描边样式后的文字效果

(45) 单击工具箱中的 T 按钮，在画面中输入如图 6-64 所示的深红色（C:25,M:95,Y:95,K:20）文字。

图6-64 输入的文字

(46) 选择菜单栏中的【图层】/【图层样式】/【混合选项】命令，弹出【图层样式】对话框，设置各项参数，如图 6-65 所示。

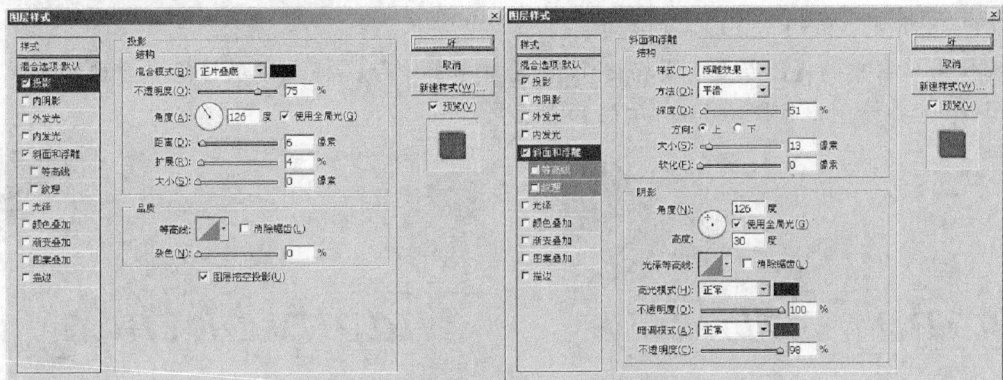
图6-65 【图层样式】对话框

(47) 单击 好 按钮，添加图层样式后的文字效果如图 6-66 所示。

图6-66 添加图层样式后的文字效果

(48) 选择菜单栏中的【图层】/【栅格化】/【文字】命令，将文字层转换成普通层，然后利用 工具绘制出如图 6-67 所示的矩形选区，将"生"字选中。

图6-67 绘制的选区

(49) 单击工具箱中的 按钮，将鼠标光标放置在选区中，按下鼠标左键拖曳，将文字移动至如图 6-68 所示的位置，然后按 Ctrl+D 键将选区去除。

(50) 用与步骤(48)～(49)相同的方法，依次将"日"、"快"和"乐"3 个字分别移动至如图 6-69 所示的位置。

图6-68 文字放置的位置

图6-69 文字放置的位置

(51) 单击工具箱中的 T 按钮，在画面中输入如图 6-70 所示的深红色（C:25,M:95,Y:95,K:20）英文字母。

(52) 选择菜单栏中的【图层】/【栅格化】/【文字】命令，将文字层转换成普通层，然后利用 ▢ 工具绘制出如图 6-71 所示的矩形选区。

图6-70 输入的英文字母

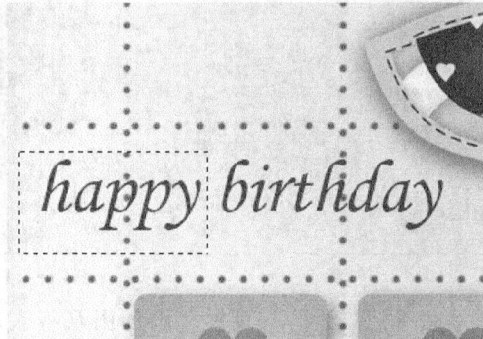

图6-71 绘制的选区

(53) 按 Ctrl+T 键，为选择的英文字母添加自由变形框，然后按住 Shift 键，将其调整至如图 6-72 所示的形态及位置。

(54) 按 Enter 键，确认文字的变换操作，然后按 Ctrl+D 键将选区去除。

(55) 选择菜单栏中的【图层】/【图层样式】/【斜面和浮雕】命令，弹出【图层样式】对话框，设置各项参数，如图 6-73 所示。

图6-72 调整后的文字形态

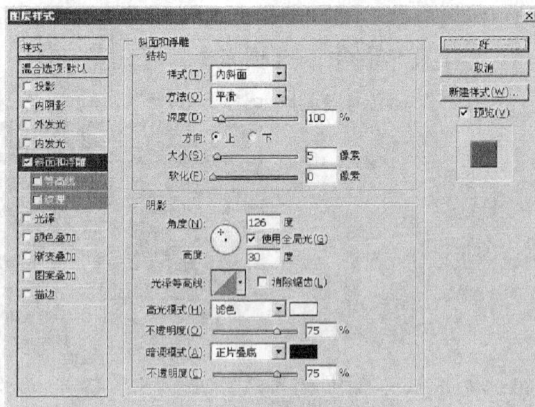

图6-73 【图层样式】对话框

(56) 单击 好 按钮，添加图层样式后的文字效果如图 6-74 所示。

(57) 单击工具箱中的 T 按钮，在画面中输入如图 6-75 所示的深红色（C:25,M:95,Y:95,K:20）文字。

图6-74 添加图层样式后的文字效果

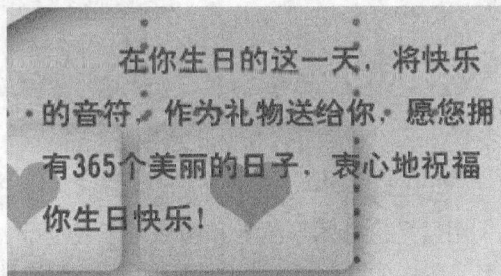

图6-75 输入的文字

至此，生日贺卡已设计完成，其整体效果如图 6-21 所示。

(58) 按 Shift+Ctrl+S 键，将文件命名为 "练习 02.psd" 进行保存。

练习总结

当文字层转换成普通层后，其性质与绘制的图形就完全一样了，读者可以根据需要对其进行各种效果的添加或编辑操作。对于一些特殊效果的制作及滤镜命令，文字层必须转换成普通层之后才能够使用，但是将文字栅格化后就不能再转换成文字层了，其文字的字号大小、字体等属性无法再进行修改，所以在文字的转换时一定要确保所要转换的文字不需要再进行修改。

图层是进行图形绘制和图像处理最基础、最重要的命令，也是学习 Photoshop 的重点。任何图形或图像的绘制处理都要用到图层，灵活地运用图层还可以创建许多特殊的效果。

上机练习1 【图层】基本操作

本练习将通过制作链接的玉手镯效果，进一步熟悉【图层】的基本操作和应用。

练习目的

- 掌握有关【图层】的基本操作方法。
- 学习利用【图层】添加选区的功能，制作圆环图形链接效果。

练习内容

利用多种【滤镜】命令及【图层】的基本特性制作链接的玉手镯效果，如图 7-1 所示（参见素材文件\练习内容图片\07）。

图7-1 链接的玉手镯

操作步骤

(1) 按 Ctrl+N 键，在弹出的【新建】对话框中创建【宽度】为 "10 厘米"、【高度】为 "10 厘米"、【分辨率】为 "150 像素/英寸"、【颜色模式】为 "RGB 颜色"、【背景内容】为 "白色" 的新文件。

(2) 按 D 键，将工具箱中的前景色设置为黑色，然后按 Alt+Delete 键，为新建文件的背景层填充黑色。

(3) 选择菜单栏中的【视图】/【标尺】命令，将标尺显示在图像文件中。

(4) 分别将鼠标光标移动到水平和垂直标尺上，按住鼠标左键向画面中拖曳，至 "5" 厘米处释放鼠标左键，为画面添加参考线。然后按 Ctrl+R 键，将标尺隐藏。

(5) 单击工具箱中的 ⬭ 按钮，按住 Shift+Alt 键，将鼠标光标移动到画面中两条参考线的交点处，拖曳鼠标绘制出一个圆形选区。

(6) 在【图层】面板中，单击底部的 ◻ 按钮新建"图层 1"，然后按 Ctrl+Delete 键，为绘制的圆形选区填充白色，如图 7-2 所示。

(7) 选择菜单栏中的【图层】/【复制图层】命令，在弹出的如图 7-3 所示的【复制图层】对话框中单击 好 按钮，将"图层 1"复制生成"图层 1 副本"层。

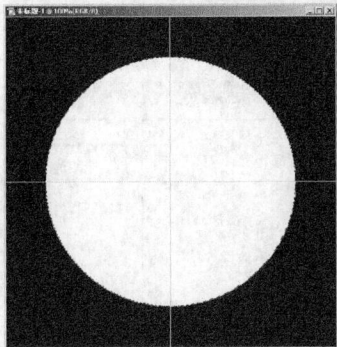

图7-2 绘制的圆形图形

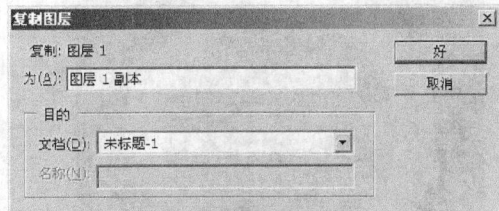

图7-3 【复制图层】对话框

(8) 按 Ctrl+T 键，为"图层 1 副本"中的图形添加自由变换框，如图 7-4 所示。

(9) 激活属性栏中的 ⊞ 按钮，设置 W:75.0% H:75.0% 选项中【W】和【H】均为"75%"，修改水平和垂直缩放参数后变换框的形态如图 7-5 所示。

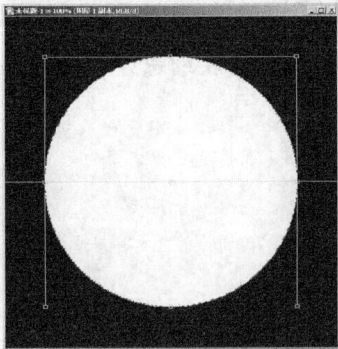

图7-4 添加的自由变换框

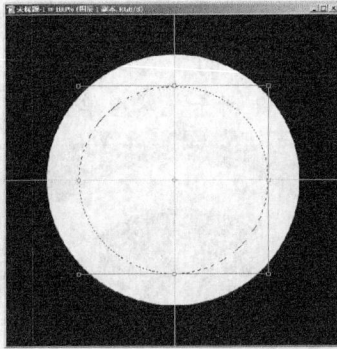

图7-5 修改参数后变换框的形态

(10) 单击属性栏中的 ✓ 按钮，确认图形的变换操作，然后在【图层】面板中将"图层 1 副本"层删除。

(11) 按 Delete 键，删除选区内的图形得到圆环图形，效果如图 7-6 所示。然后按住 Ctrl 键，在【图层】面板中的"图层 1"上单击鼠标左键，为"图层 1"中的圆环图形添加选区，添加的选区如图 7-7 所示。

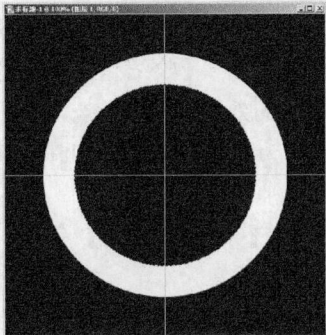

图7-6 制作出的圆环图形

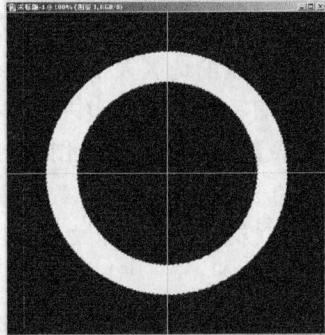

图7-7 添加的选区

(12) 将工具箱中的前景色和背景色分别设置为黄色（C:5,Y:90）和绿色（C:70，Y:100），然后选择菜单栏中的【滤镜】/【渲染】/【云彩】命令，为选区内的图形添加前景色与背景色混合而成的云彩效果，如图7-8所示。

(13) 选择菜单栏中的【滤镜】/【像素化】/【晶格化】命令，弹出【晶格化】对话框，参数设置如图7-9所示。

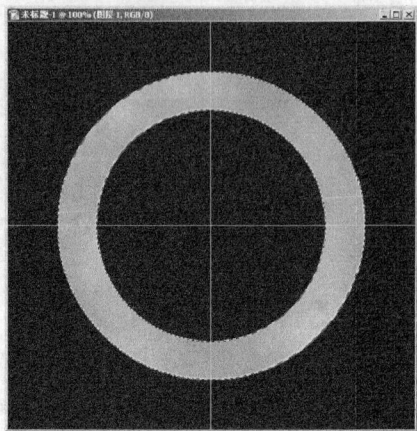

图7-8 产生的云彩效果

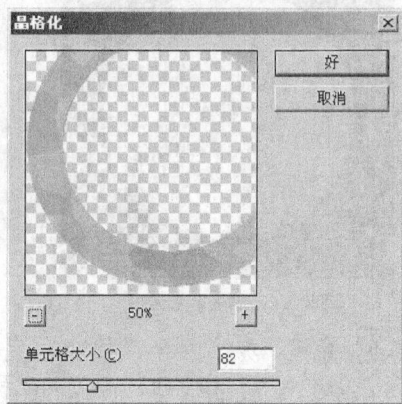

图7-9 【晶格化】对话框参数设置

(14) 单击 好 按钮，图形效果如图7-10所示。

(15) 选择菜单栏中的【选择】/【修改】/【收缩】命令，弹出【收缩选区】对话框，参数设置如图7-11所示，然后单击 好 按钮。

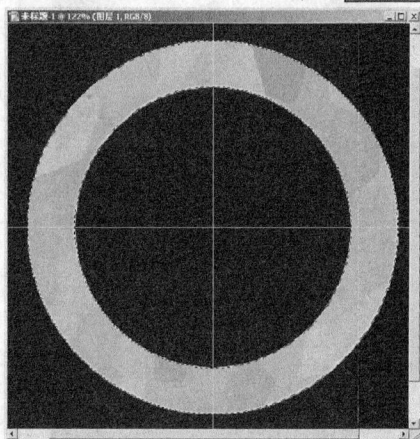

图7-10 产生的晶格化效果

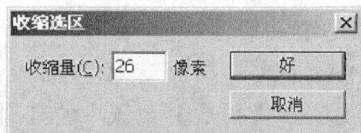

图7-11 【收缩选区】对话框参数设置

此处设置的【收缩量】参数直接影响到下面的操作结果，因此读者最好按照本例设置的图像文件大小及绘制的选区大小进行操作。即使是自行设置，此处的【收缩量】参数也要重新设置。总之，收缩后在圆形图形中生成只有上下左右位置有选区的效果即可。

(16) 在【图层】面板中新建"图层 2"，然后将前景色设置为白色，并按 Alt + Delete 键，为收缩后的选区填充白色。

(17) 按 Ctrl + D 键去除选区，然后选择菜单栏中的【视图】/【清除参考线】命令，将画面中的参考线清除。

(18) 选择菜单栏中的【滤镜】/【模糊】/【高斯模糊】命令，在弹出的【高斯模糊】对话框中设置其参数，如图 7-12 所示。

(19) 单击 [好] 按钮，制作出的高光效果如图 7-13 所示。

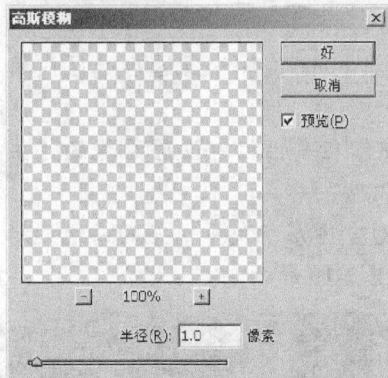
图7-12 【高斯模糊】对话框参数设置

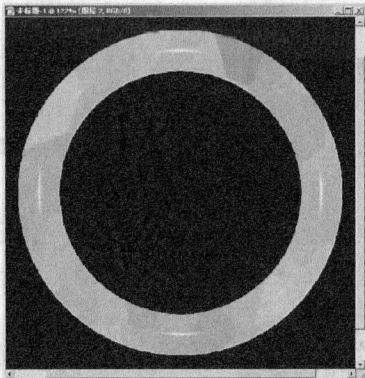
图7-13 制作出的高光效果

(20) 按住 [Ctrl] 键，在【图层】面板中的"图层 1"上单击鼠标左键，为"图层 1"中的图形添加选区，添加的选区如图 7-14 所示。

(21) 选择菜单栏中的【选择】/【羽化】命令，弹出【羽化选区】对话框，参数设置如图 7-15 所示，然后单击 [好] 按钮。

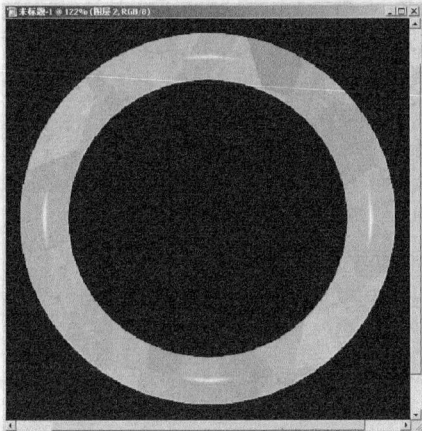
图7-14 添加的选区

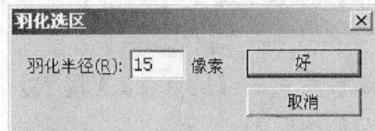
图7-15 【羽化选区】对话框参数设置

(22) 按 [Shfit]+[Ctrl]+[I] 键，将选区反选，反选后的选区形态如图 7-16 所示，然后在【图层】面板中新建"图层 3"，并填充白色，填充白色后的画面效果如图 7-17 所示。

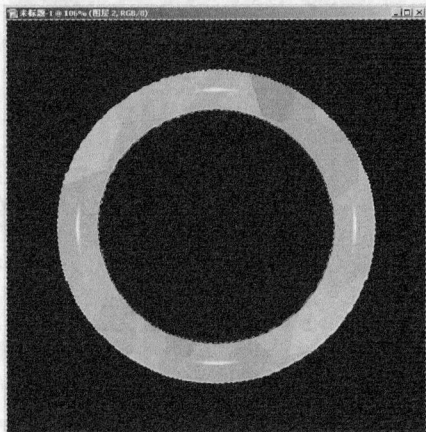
图7-16 反选后的选区形态

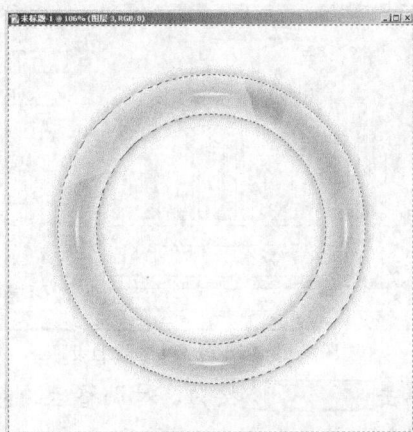
图7-17 填充白色后的画面效果

(23) 按住 Ctrl 键，在【图层】面板中的"图层 1"上单击鼠标左键，为"图层 1"中的图形添加选区。

(24) 按 Shfit+Ctrl+I 键，将添加的选区反选，然后按 Delete 键删除反选后选区内填充的白色，删除白色后的画面效果如图 7-18 所示。

(25) 按 Ctrl+D 键去除选区，单击工具箱中的 按钮，在属性栏中设置画笔的【主直径】为"125 像素"，【硬度】为"0%"，【流量】为"30%"。

(26) 将鼠标光标移动到画面中，按住鼠标左键拖曳，对"图层 3"中填充的白色边缘进行擦除，使玉手镯的质感更加逼真，擦除后的效果如图 7-19 所示。

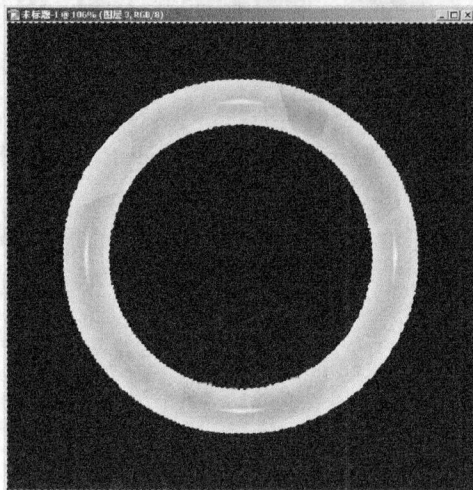

图7-18　删除白色后的画面效果　　　　图7-19　擦除白色边缘后的效果

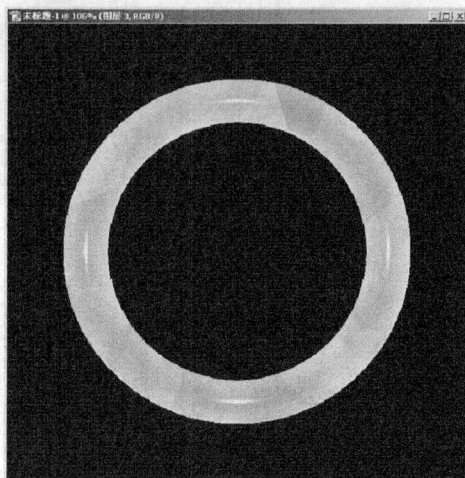

(27) 在【图层】面板中将"图层 1"设置为当前层，再选择菜单栏中的【图像】/【调整】/【色阶】命令，弹出【色阶】对话框，参数设置如图 7-20 所示，然后单击 好 按钮。

(28) 选择菜单栏中的【滤镜】/【模糊】/【高斯模糊】命令，弹出【高斯模糊】对话框，参数设置如图 7-21 所示。

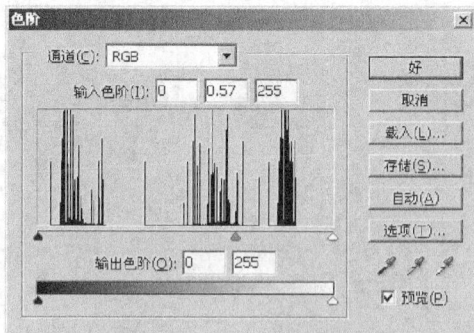

图7-20　【色阶】对话框参数设置　　　　图7-21　【高斯模糊】对话框参数设置

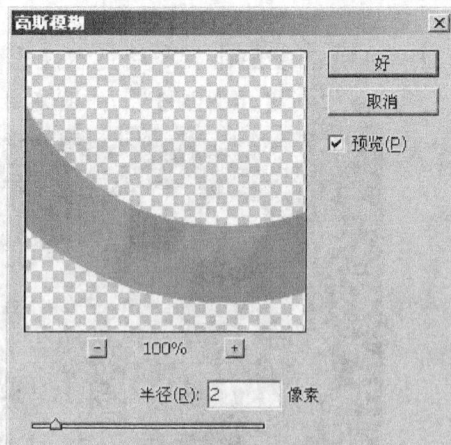

(29) 单击 好 按钮，对调整后的色彩纹理进行模糊。至此，玉手镯效果已绘制完成，其整体效果如图 7-22 所示。

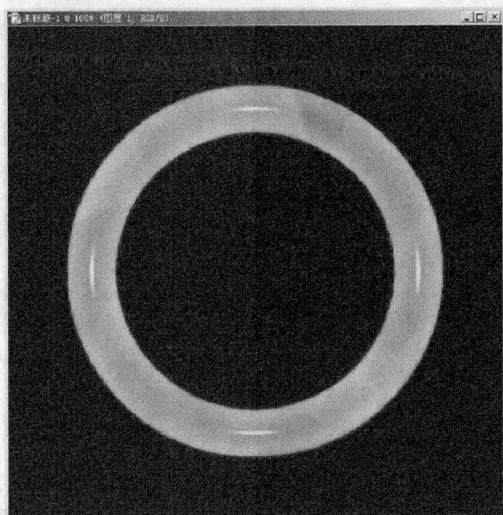

图7-22 模糊后的效果

(30) 按 Shfit+Ctrl+S 键，将此文件命名为 "练习 01-1.psd" 进行保存。

玉手镯绘制完成后，再复制两个玉手镯，调整为不同的颜色后利用图层的选区加减方法制作出链接的玉手镯效果。

(31) 在【图层】面板中 "图层 2" 和 "图层 3" 左侧的 ☐ 按钮上单击鼠标左键，将其与 "图层 1" 链接，形态如图 7-23 所示，然后按 Ctrl+E 键，将链接的图层合并为 "图层 1"。

(32) 依次按 D 键和 X 键，将工具箱中的背景色设置为黑色。

(33) 选择菜单栏中的【图像】/【画布大小】命令，在弹出的【画布大小】对话框中设置参数，如图 7-24 所示，然后单击 好 按钮。

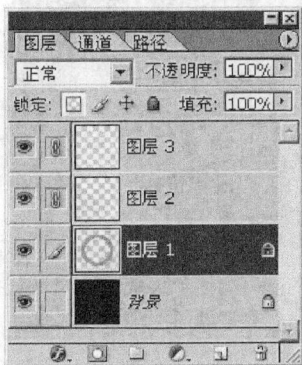

图7-23 图层链接形态

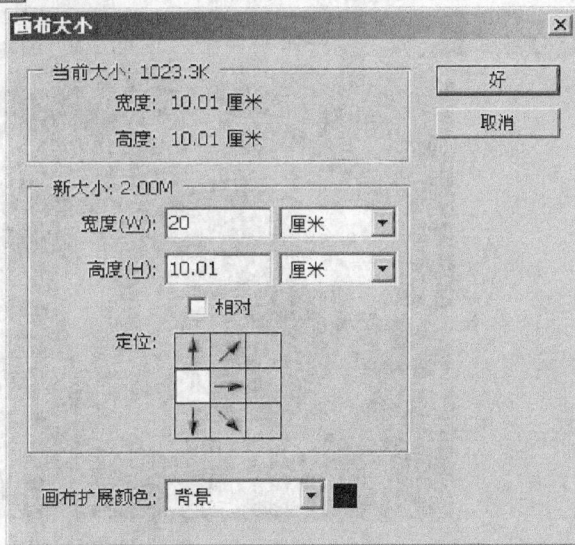

图7-24 【画布大小】对话框参数设置

(34) 在【图层】面板中将 "图层 1" 复制生成 "图层 1 副本" 层，并将其移动至如图 7-25 所示的位置。

(35) 按 Ctrl+U 键，弹出【色相/饱和度】对话框，参数设置如图 7-26 所示。

图7-25 复制出的玉手镯图形

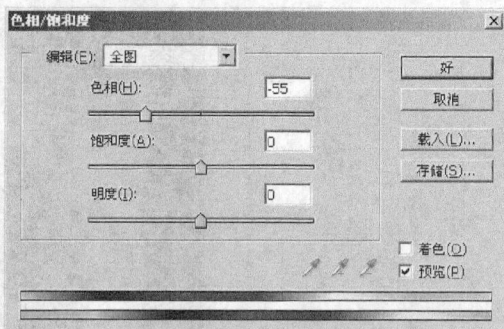

图7-26 【色相/饱和度】对话框参数设置

(36) 单击 [好] 按钮，调整为棕褐色后的玉手镯效果如图 7-27 所示。

(37) 在【图层】面板中将"图层 1 副本"复制生成"图层 1 副本 2"层，并将其移动至画面右侧，然后按 [Ctrl]+[U] 键，弹出【色相/饱和度】对话框，参数设置如图 7-28 所示。

图7-27 调整为棕褐色后的玉手镯效果

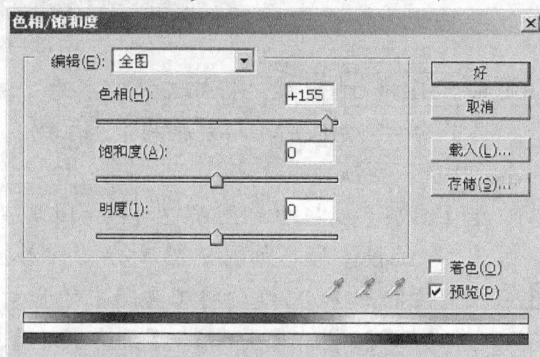

图7-28 【色相/饱和度】对话框参数设置

(38) 单击 [好] 按钮，调整为蓝色后的玉手镯效果如图 7-29 所示。

图7-29 调整为蓝色后的玉手镯效果

(39) 按住 [Ctrl] 键，在"图层 1"上单击鼠标左键，为"图层 1"中的手镯图形添加选区，如图 7-30 所示。

(40) 单击工具箱中的 按钮，并激活其属性栏中的 按钮，然后将鼠标光标移动到棕褐色玉手镯位置绘制选区，其状态如图 7-31 所示。对原选区进行修剪，修剪后的选区形态如图 7-32 所示。

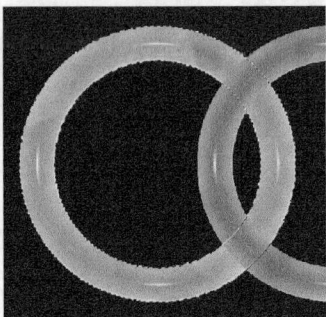

图7-30　添加的选区

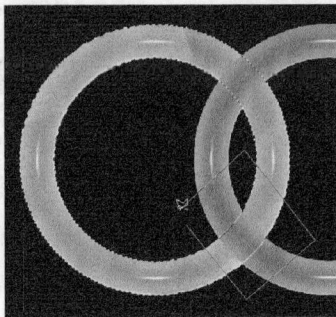

图7-31　绘制选区时的状态

(41) 确认"图层 1 副本"为当前层，按 Delete 键删除选区内的棕褐色图形，制作出绿色与棕褐色玉手镯链接效果，如图 7-33 所示。

图7-32　修剪后的选区形态

图7-33　制作出的链接效果

(42) 按住 Ctrl 键，在【图层】面板中单击"图层 1 副本"层，为棕褐色玉手镯图形添加选区，如图 7-34 所示。

(43) 用与步骤（40）相同的方法，对添加的选区进行修剪，修剪后的形态如图 7-35 所示。

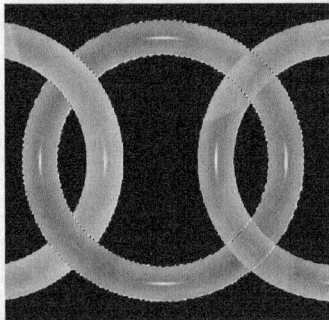

图7-34　添加的选区

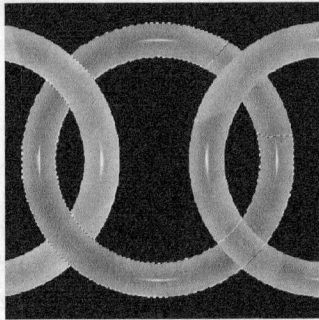

图7-35　修剪后的选区形态

(44) 确认"图层 1 副本 2"为当前层，按 Delete 键删除选区内的蓝色玉手镯图形，制作出如图 7-1 所示的链接效果。

(45) 至此，链接的玉手镯效果制作完成。按 Shift+Ctrl+S 键，将此文件命名为"练习 01-2.psd"进行保存。

练习总结

　　本实例主要讲述了玉手镯效果的制作以及制作链接的手镯效果。在玉手镯效果制作过程中，要灵活掌握利用【图层】给图形添加选区并制作圆环的操作。在制作链接的手镯效果时，运用了【图层】的基本特性及选区的添加和修剪方法。

上机练习2 图层混合模式应用

本练习将通过图像与背景融合的实例，进一步熟悉图层混合模式的使用方法。

练习目的

- 掌握图层混合模式的使用方法。
- 掌握【图层】菜单中部分常用命令的使用方法。

练习内容

利用图层混合模式将画面中的图像进行合成，制作出如图 7-36 所示的效果（参见素材文件\练习内容图片\07）。

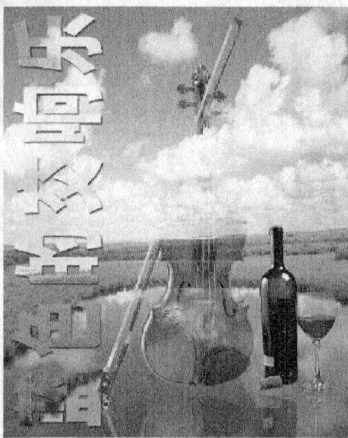

图7-36 制作完成的画面合成效果

操作步骤

(1) 按 Ctrl+O 键，打开素材文件中的 "图库\07\蓝天.jpg" 和 "图库\07\大提琴.psd" 图片文件，如图 7-37 所示。

(2) 单击工具箱中的 ⊕ 按钮，将 "大提琴.psd" 图片中的大提琴移动复制到 "蓝天.jpg" 图片中，并调整至合适的大小和位置，如图 7-38 所示。

图7-37 打开的图片

图7-38 图片调整后放置的位置

(3) 选择菜单栏中的【图层】/【图层样式】/【混合选项】命令，弹出【混合选项】对话框，按住 Alt 键，将鼠标光标放置到【下一图层】色标右边的三角形上向左拖曳进行调整，状态如图 7-39 所示。

(4) 将另外一个三角形也向左侧进行移动调整，调整后的【混合选项】对话框如图 7-40 所示。

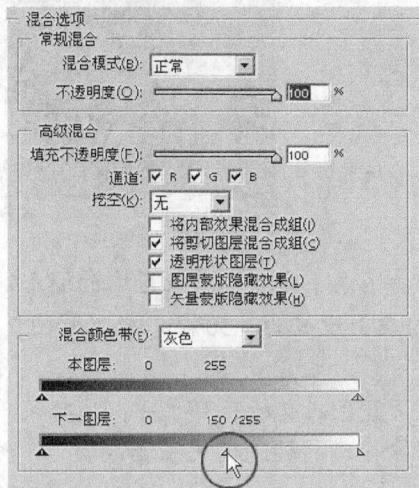

图7-39 调整按钮状态   图7-40 调整后的【混合选项】对话框

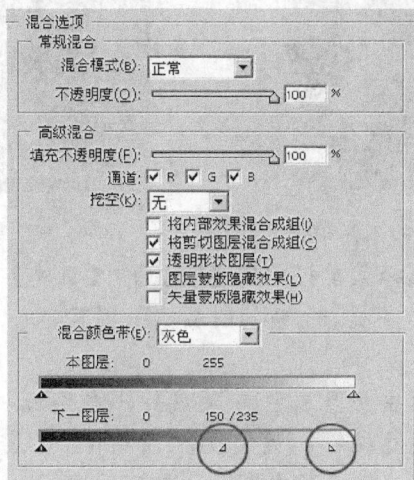

(5) 按钮调整完成后，单击 [好] 按钮，制作出大提琴与天空背景混合的效果，如图 7-41 所示。

(6) 按 Ctrl+Alt+T 键，给大提琴添加变形框并复制出一个"图层 1 副本"层，在变形框中单击鼠标右捷，在弹出的快捷菜单中选择【垂直翻转】命令，如图 7-42 所示。

(7) 按 Enter 键，确定大提琴的复制翻转变形，按住 Shift 键，将垂直翻转后的大提琴垂直向下移动，并在【图层】面板中将其【不透明度】设置为"40%"，制作的大提琴倒影效果如图 7-43 所示。

图7-41 大提琴与天空背景混合效果   图7-42 选择【垂直翻转】命令   图7-43 制作出的大提琴倒影效果

(8) 按 Ctrl+O 键，打开素材文件中的"图库\07\酒瓶与酒杯.psd"图片，如图 7-44 所示。

(9) 单击工具箱中的 按钮，将酒瓶与酒杯移动复制到"蓝天.jpg"图片中，并调整至合适的大小和位置。

(10) 利用制作大提琴倒影的方法，制作出酒瓶与酒杯的倒影效果，如图 7-45 所示。

(11) 单击工具箱中的 按钮，在酒杯图片中选取酒杯的顶部，形态如图 7-46 所示。

图7-44 打开的图片

图7-45 制作出的倒影效果

图7-46 绘制的选区形态

(12) 选择菜单栏中的【图层】/【新建】/【通过剪切的图层】命令，将选区中的图形通过剪切生成一个新的图层"图层 3"，然后将【不透明度】设置为"50%"，效果如图 7-47 所示。

(13) 单击工具箱中的 T 按钮，在画面中输入白色的"蓝色的交响乐"文字，选择菜单栏中的【编辑】/【变换】/【旋转 90 度（顺时针）】命令，将输入的文字进行旋转，然后放置在画面的左侧，如图 7-48 所示。

图7-47 调整不透明度后的效果

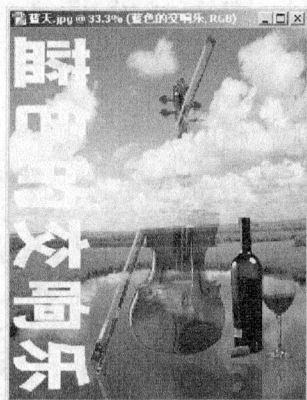
图7-48 输入的文字旋转后放置的位置

(14) 选择菜单栏中的【图层】/【图层样式】/【投影】命令，弹出【图层样式】对话框，其选项及参数设置如图 7-49 所示。

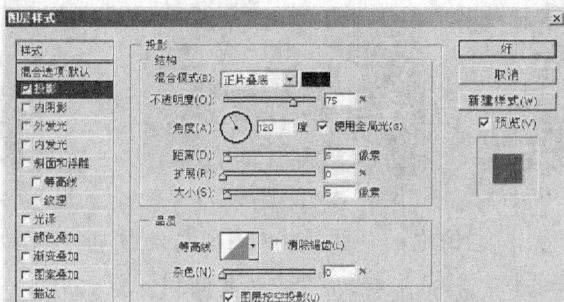
图7-49 【图层样式】对话框

(15) 单击 好 按钮，添加投影后的文字效果如图 7-50 所示。

(16) 在【图层】面板中将背景层置为当前工作层，单击工具箱中的 按钮，在画面中绘制如图 7-51 所示的选区。

图7-50 添加投影后的文字效果

图7-51 绘制的选区

(17) 选择菜单栏中的【图层】/【新建】/【通过复制的图层】命令，将选区中的图形通过复制生成新图层"图层4"。

(18) 将生成的"图层4"放置在文字层的上面，调整图层后的画面形态如图7-52所示。

(19) 选择菜单栏中的【图层】/【创建剪贴蒙版】命令，将当前图层与下面的文字图层编组，完成图像效果合成。【图层】面板形态如图7-53所示。

图7-52 调整图层后的画面形态

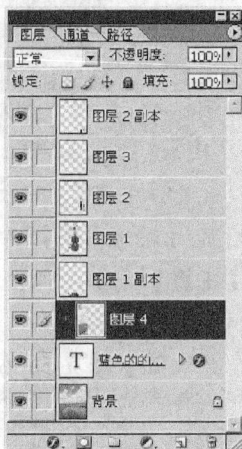

图7-53 【图层】面板形态

至此，图像合成效果制作完成，其效果如图7-36所示。

(20) 按 Shift+Ctrl+S 键，将其命名为"练习02.psd"进行保存。

练习总结

在本实例中，主要运用了图层【混合选项】命令制作了大提琴与天空背景图的合成效果，还运用了【图层】/【创建剪贴蒙版】命令制作了图案文字效果，读者要熟练掌握。

上机练习3 【图层样式】应用

本练习将利用【图层样式】命令来制作花瓶上的雕刻花纹效果，在制作时要注意【图层样式】对话框中各项参数的设置和添加技巧。

练习目的

- 掌握【图层样式】中的参数设置方法。
- 掌握各图层样式所产生的效果。

练习内容

利用【图层样式】命令制作雕刻花纹效果,如图 7-54 所示(参见素材文件\练习内容图片\07)。

操作步骤

(1) 打开素材文件中的"图库\07\花瓶.jpg"和"花朵.psd"图片文件。
(2) 利用工具箱中的 ⊕ 工具将"花朵"图片移动到"花瓶"图片中,如图 7-55 所示。

图7-54 制作的凹陷雕刻花纹效果

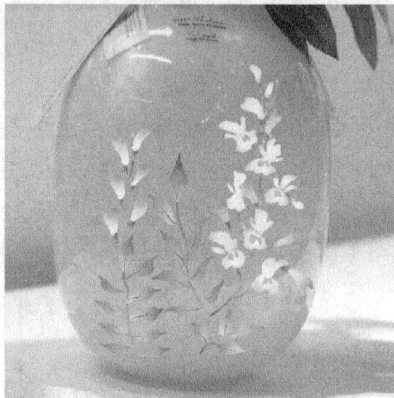

图7-55 组合后的图片

(3) 确认"图层 1"为当前工作层。单击【图层】面板底部的 ⊘. 按钮,在弹出的下拉菜单中选择【投影】命令,弹出【图层样式】对话框。
(4) 设置【投影】选项的参数,如图 7-56 左图所示;然后勾选【斜面和浮雕】复选框,其选项及参数设置如图 7-56 右图所示。

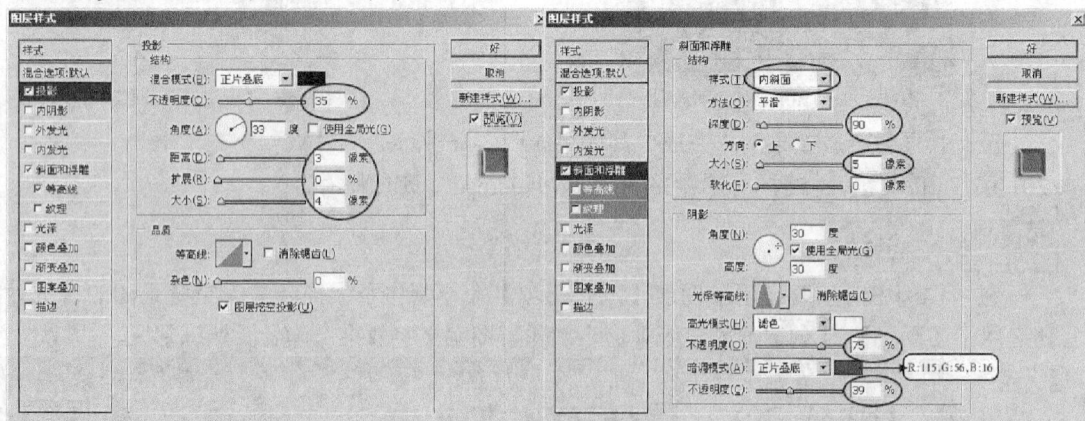

图7-56 【图层样式】对话框

(5) 单击 [好] 按钮,为"图层 1"中的图像添加图层样式,再设置图层的【填充】参数为"80%",添加图层样式后的效果如图 7-57 所示。
(6) 按住 [Ctrl] 键,在【图层】面板中的"图层 1"上单击进行选区的添加,如图 7-58 所示。

图7-57 添加图层样式后的效果

图7-58 添加的选区

(7) 选择菜单栏中的【视图】/【显示额外内容】命令，将添加的选区隐藏。

(8) 选择菜单栏中的【图像】/【调整】/【曲线】命令，弹出【曲线】对话框，在曲线上单击进行控制点的添加，然后在控制点上按住鼠标左键向右下角拖曳鼠标，对曲线进行调整，如图 7-59 所示。

(9) 单击 ▢ 好 ▢ 按钮，完成雕刻花纹效果制作，如图 7-60 所示。

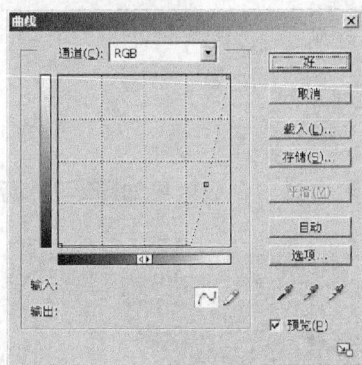

图7-59 【曲线】对话框

图7-60 完成的雕刻花纹效果

(10) 按 Shift+Ctrl+S 键，将当前文件命名为"练习 03.psd"进行保存。

练习总结

　　在本例雕刻效果制作过程中，主要使用了【图层样式】对话框中的【投影】和【斜面和浮雕】选项的设置。在【斜面和浮雕】参数设置面板中要注意浮雕的【深度】、【方向】、【大小】、【软化】、【角度】以及【高度】等参数的设置，设置不同的参数其浮雕的凹陷效果也将不同。

通道和蒙版是 Photoshop 中除图层和路径之外的两个重要命令。通道和蒙版属于比较抽象难懂的概念，要想达到灵活运用的程度，一定要将其理解并熟练掌握。本章将通过 3 个练习讲解通道和蒙版的使用方法。

上机练习1 利用通道抠选头发

本练习将利用【通道】来选取复杂背景中的人物头发，通过练习熟练掌握应用通道辅助选取图像的技巧。

练习目的

- 掌握【通道】面板的基本使用方法。
- 学习利用【通道】选取复杂图像的操作。

练习内容

利用【通道】选取背景中的人物，并与风景画面合成，素材与合成效果如图 8-1 所示（参见素材文件\练习内容图片\08）。

图8-1 素材与合成后的效果

操作步骤

(1) 按 Ctrl+O 键，打开素材文件中的 "图库\08\美女 01.jpg" 图片文件。

(2) 选择菜单栏中的【图层】/【新建】/【通过拷贝的图层】命令，将 "背景" 层通过复制生成 "图层 1"。

(3) 打开【通道】面板，然后选择明暗对比较为明显的 "红" 通道，将其复制为 "红 副本" 通道。

(4) 按 $\boxed{Ctrl}+\boxed{L}$ 键，弹出【色阶】对话框，参数设置如图 8-2 所示，然后单击 ▭好▭ 按钮，调整后的效果如图 8-3 所示。

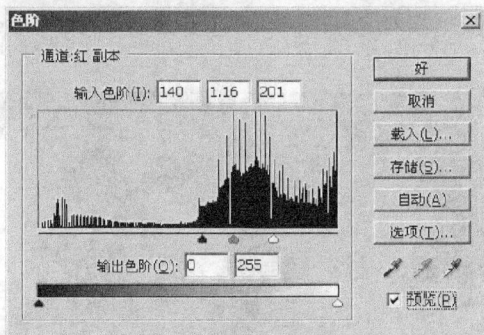

图8-2 【色阶】对话框

图8-3 调整后的效果

(5) 单击工具箱中的 █ 按钮，设置属性栏中各项参数，如图 8-4 所示，然后在画面中的亮部区域内按住鼠标左键并拖曳，使其颜色减淡，效果如图 8-5 所示。

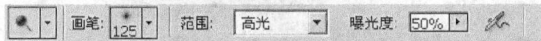

图8-4 【减淡】工具的属性栏

图8-5 颜色减淡后的效果

(6) 按 $\boxed{Ctrl}+\boxed{I}$ 键，将画面反相显示，效果如图 8-6 所示，然后在【通道】面板底部单击 ○ 按钮，载入 "红 副本" 通道的选区，载入的选区形态如图 8-7 所示。

图8-6 反相显示后的效果

图8-7 载入的选区形态

(7) 返回【图层】面板中，按 $\boxed{Ctrl}+\boxed{J}$ 键，将选区中的图像通过复制生成 "图层 2"。

(8) 按 $\boxed{Ctrl}+\boxed{O}$ 键，打开素材文件中的 "图库\08\大海.jpg" 图片文件，如图 8-8 所示。

(9) 确认 "美女.jpg" 文件为当前工作状态，在【图层】面板中单击 "图层 1" 左侧的 ▇ 按钮，将其与 "图层 2" 链接。

(10) 单击工具箱中的 ⊕ 按钮，将链接图层中的内容移动复制到"大海.jpg"文件中，分别生成"图层 1"和"图层 2"。

(11) 按 Ctrl+T 键，为链接图层中的内容添加自由变换框，并将其调整至如图 8-9 所示的形态，然后按 Enter 键，确认图像的变换操作。

图8-8 打开的图片　　　　　　　　　　　　　图8-9 调整后的图像形态

(12) 将"图层 1"设置为当前层，单击【图层】面板底部的 ▣ 按钮，为"图层 1"层添加图层蒙版，然后单击工具箱中的 ✎ 按钮，在画面中描绘黑色编辑蒙版，效果如图 8-10 所示。

(13) 将"图层 2"设置为当前层，然后单击工具箱中的 ✎ 按钮，在画面的右上角位置按住鼠标左键并拖曳，对灰色背景进行操作，效果如图 8-11 所示。

图8-10 编辑蒙版后的效果　　　　　　　　　　图8-11 擦除后的效果

(14) 按 Shift+Ctrl+S 键，将文件命名为"练习 01.psd"进行保存。

练习总结

在利用【通道】选择复杂的图像时要注意在通道中对画面进行明暗的调整，如果明暗关系较为复杂，可以辅助【画笔】及选区工具进行黑色和白色的绘制，通道中的白色区域是需要添加选区的部分。

上机练习2　利用通道制作书本画面效果

本练习将通过一个实例进一步理解专色通道的概念，并学习利用专色通道制作书本画面效果的方法。

练习目的

- 掌握【专色通道】的作用。
- 掌握通道与选区的转换操作。

练习内容

利用专色通道制作照片颜色效果，然后与书本图片合成一幅书页画面效果，如图 8-12 所示（参见素材文件\练习内容图片\08）。

图8-12 设计完成的书页画面效果

操作步骤

(1) 按 Ctrl+O 键，打开素材文件中的"图库\08\书本.jpg"图片文件，如图 8-13 所示。

(2) 选择工具箱中的 ✍ 按钮和 ▷ 按钮，在画面中根据书本的形态绘制出如图 8-14 所示的路径。

图8-13 打开的图片文件

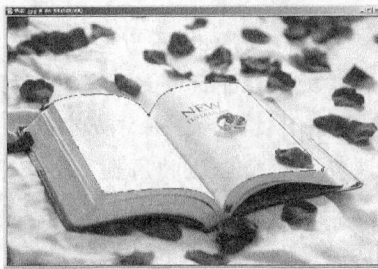

图8-14 绘制的路径

(3) 按 Ctrl+Enter 键，将路径转换成选区，如图 8-15 所示。

(4) 选择菜单栏中的【图层】/【新建】/【通过拷贝的图层】命令，生成"图层 1"，【图层】面板如图 8-16 所示。

图8-15 转换为选区

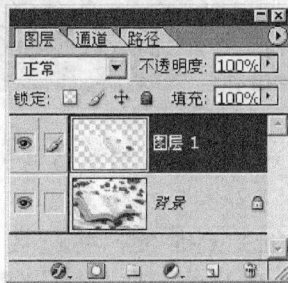

图8-16 【图层】面板

(5) 打开【通道】面板，按住 Ctrl 键单击 按钮，新建一个专色通道，如图 8-17 所示。

(6) 在弹出的【新专色通道】对话框中，单击下方的颜色块，将颜色设置为褐色 (R:100,G:51,B:8)，此时的对话框如图 8-18 所示。

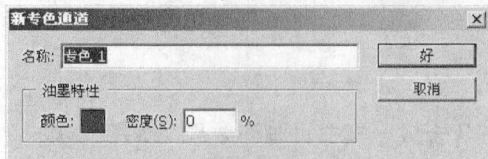

图8-17 【新专色通道】对话框

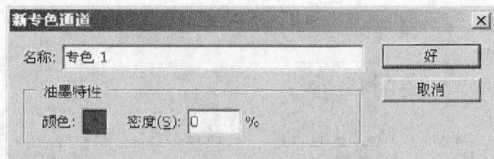

图8-18 设置颜色后的对话框

(7) 按 Ctrl+O 键，打开素材文件中的 "图库\08\婚纱.jpg" 图片文件，如图 8-19 所示。

(8) 利用与步骤(2)~(4)相同的方法，将 "婚纱" 图像选取出来，生成 "图层 1"。

(9) 打开【通道】面板，选择 "绿" 通道，效果如图 8-20 所示。

图8-19 打开的图片

图8-20 选择 "绿" 通道后的画面效果

(10) 按 Ctrl+A 键，将画面选取，然后选择菜单栏中的【编辑】/【拷贝】命令，将婚纱照复制。

(11) 将 "书本" 文件设置为当前工作状态，打开【通道】面板，选中新建的专色通道，然后选择菜单栏中的【编辑】/【粘贴】命令，画面效果如图 8-21 所示。

(12) 按 Ctrl+T 键，为图片添加自由变换框，然后按住 Shift+Ctrl 键，将图片等比例缩小，并调整至一个合适的角度，如图 8-22 所示。

图8-21 粘贴后的画面效果

图8-22 调整后的形态

(13) 按 Enter 键，确定图形的调整，然后按住 Ctrl 键单击 "图层 1"，为 "书本" 添加选区，效果如图 8-23 所示。

(14) 按 Shift+Ctrl+I 键，将选区反选，然后按 Delete 键，将多余的图像删除，再按 Ctrl+D 键去除选区，最终效果如图 8-24 所示。

图8-23 添加的选区

图8-24 最终效果

(15) 按 Shift+Ctrl+S 键，将文件命名为 "练习 02.psd" 进行保存。

练习总结

通过本例的学习，希望读者能够掌握专色通道的功能，并将其灵活运用。

上机练习 3 利用通道和蒙版合成图像

本练习通过将花布图案合成到人物的衣服中进一步学习通道和蒙版的高级操作技巧。

练习目的

● 学习通道和蒙版在进行图像合成时的高级操作技巧。

练习内容

将准备的花布图案合成到人物的衣服中，完成如图 8-25 所示的图像合成效果（参见素材文件\练习内容图片\08）。

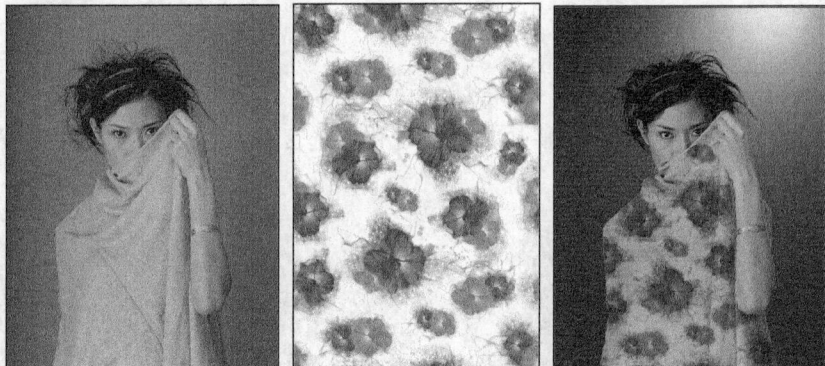

图8-25 素材图片与合成后的图像整体效果

操作步骤

(1) 按 Ctrl+O 键，打开素材文件中的 "图库\08\美女.jpg" 图片文件。

(2) 选择菜单栏中的【图层】/【新建】/【通过拷贝的图层】命令，将人物图像通过复制生成一个新的图层 "图层 1"。

(3) 在【通道】面板中将 "蓝" 通道复制生成 "蓝 副本" 通道，如图 8-26 所示。

(4) 将生成的新通道置为当前工作状态，选择菜单栏中的【图像】/【调整】/【色阶】命令，在弹出的【色阶】对话框中设置参数，如图 8-27 所示。

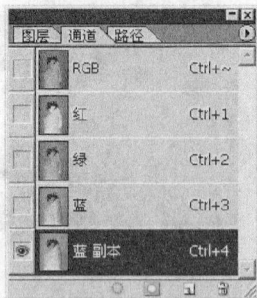

图8-26 复制生成的新通道

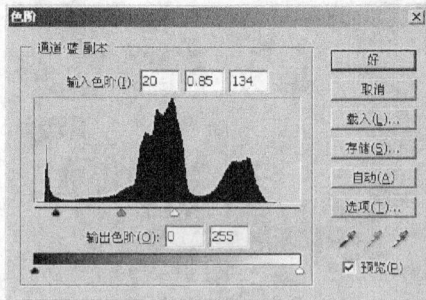

图8-27 【色阶】对话框

(5) 单击 [好] 按钮, 对当前通道中的图像进行调整, 效果如图 8-28 所示。

(6) 单击工具箱中的 [✏] 按钮, 设置合适大小的笔尖, 然后在画面中人物的胳膊及背景处绘制白色, 将人物的头部保留, 如图 8-29 所示。

(7) 选择菜单栏中的【图像】/【调整】/【反相】命令, 对图像进行反相处理, 效果如图8-30 所示。

图8-28 调整后的图像效果

图8-29 涂抹颜色后的图像

(8) 单击【通道】面板底部的 [○] 按钮, 将通道作为选区载入, 返回【图层】面板, 载入的选区如图 8-31 所示。

图8-30 反相后的图像显示

图8-31 载入的选区

(9) 确认 "图层 1" 为当前工作层。选择菜单栏中的【图层】/【新建】/【通过拷贝的图层】命令，将选区中的人物通过复制生成一个新的图层 "图层2"。

(10) 单击 "图层 1" 左侧的 👁 按钮，将 "图层 1" 隐藏。再新建 "图层 3"，并填充褐色（C:20,M:45,Y:75,K:40），然后将 "图层 3" 放置在 "图层 1" 的下面，图像显示如图 8-32 所示。

(11) 单击 "图层 1" 将其显示并置为工作层，在【通道】面板中将 "红" 通道复制生成 "红副本" 通道，如图 8-33 所示。

图8-32　填充颜色后的图像显示

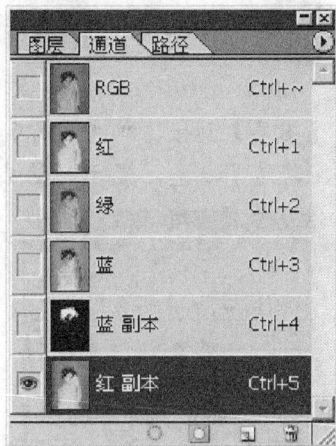

图8-33　【通道】面板

(12) 选择菜单栏中的【图像】/【调整】/【色阶】命令，在弹出的【色阶】对话框中设置参数，如图 8-34 所示。

(13) 单击 [好] 按钮对图像进行调整，效果如图 8-35 所示。利用工具箱中的 ✏ 工具在图像上涂抹白色，如图 8-36 所示。

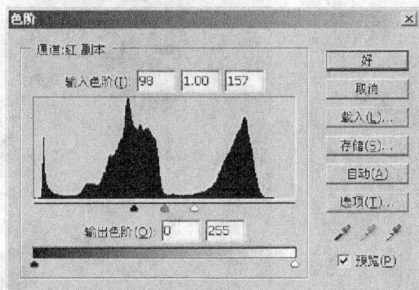

图8-34　【色阶】对话框

图8-35　调整色阶后的效果

(14) 单击工具箱中的 🔲 按钮，确认属性栏中【连续的】复选框被勾选，然后在白色上单击，添加的选区如图 8-37 所示。

图8-36 涂抹颜色后的图像

图8-37 添加的选区

(15) 返回【图层】面板，单击底部的 按钮添加图层蒙版，如图 8-38 所示，此时图像的背景将呈现透明状态，显示"图层 3"中填充的颜色，如图 8-39 所示。

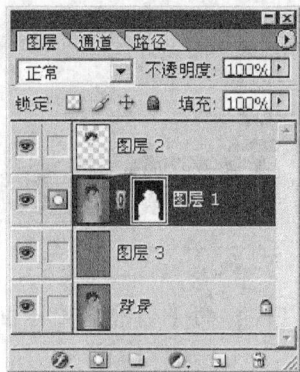

图8-38 添加蒙版后的图层

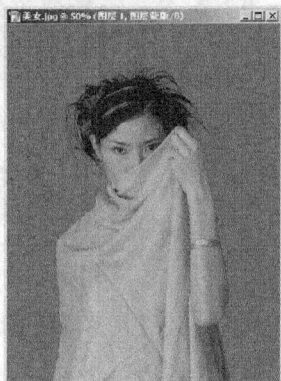

图8-39 图像显示的背景颜色

(16) 将"图层 2"置为当前工作层。选择菜单栏中的【图像】/【调整】/【曲线】命令，弹出【曲线】对话框，调整曲线形状如图 8-40 所示。

(17) 单击 好 按钮，确认人物的调整，效果如图 8-41 所示。

(18) 打开素材文件中的"图库\08\图案.jpg"图片文件。

(19) 利用工具箱中的 工具把图案移动到人物画面中生成"图层 4"，调整放置在如图 8-42 所示的位置。

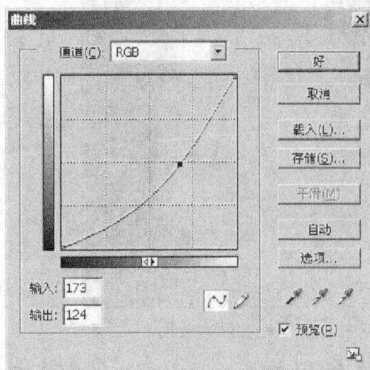

图8-40 【曲线】对话框

图8-41 曲线调整后的人物

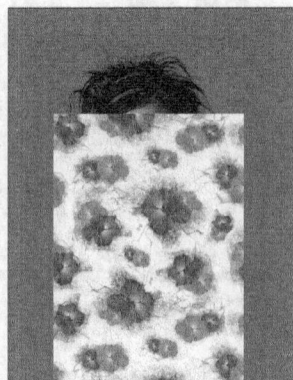

图8-42 图案放置的位置

(20) 按住 Ctrl 键，在【图层】面板中"图层 1"的蒙版上单击进行选区的添加，添加的选区如图 8-43 所示。

(21) 按 Ctrl+Alt+D 键，弹出【羽化选区】对话框，设置【羽化半径】为"2 像素"，单击 好 按钮进行选区的羽化处理。

(22) 按 Shift+Ctrl+I 键，将羽化后的选区反选，然后按 Delete 键，将多余的图案删除。

(23) 在【图层】面板中，将"图层 4"的【混合模式】设置为"正片叠底"，此时的图案效果如图 8-44 所示。

(24) 单击工具箱中的 按钮，转换到快速蒙版模式编辑状态，设置工具箱中的前景色为黑色，单击"图层 4"左面的 按钮，将图层隐藏。

(25) 单击工具箱中的 按钮，在【画笔】选项面板中，设置【主直径】为"10 像素"，【硬度】为"50%"，然后编辑蒙版，如图 8-45 所示。

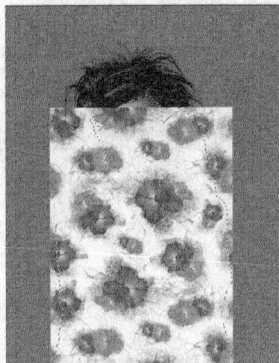

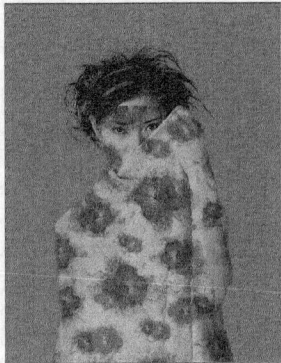

图8-43　添加的选区　　　　　图8-44　设置图层模式后的图案　　　　　图8-45　编辑蒙版

(26) 调整笔尖的大小为"40 像素"，在人物的面部及胳臂位置再编辑蒙版绘制颜色，如图 8-46 所示。

(27) 单击工具箱中的 按钮，将图像转换到标准模式下，此时将出现选区，按 Shift+Ctrl+I 键，将选区反选，如图 8-47 所示。

(28) 单击"图层 4"左侧的 按钮，将图层显示，然后单击【图层】面板底部的 按钮添加图层蒙版，此时的画面效果如图 8-48 所示。

图8-46　绘制的颜色　　　　　图8-47　反选后的选区　　　　　图8-48　添加图层蒙版后的效果

(29) 在【图层】面板中设置"图层 3"为当前工作层。选择菜单栏中的【滤镜】/【渲染】/【光照效果】命令，弹出【光照效果】对话框，选项及参数设置如图 8-49 所示。

(30) 单击 好 按钮，为图像的背景添加光照效果，如图 8-50 所示。

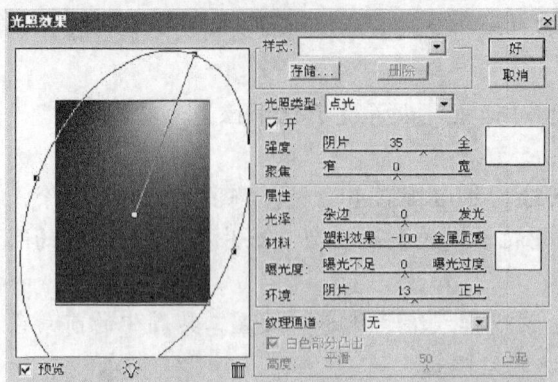

图8-49 【光照效果】对话框

图8-50 添加光照后的图像背景

(31) 按 Shift+Ctrl+S 键，将合成后的图像命名为 "练习 03.psd" 进行保存。

🔍 **练习总结**

在本实例的图像合成效果制作中，主要学习了利用通道选取图像的操作以及利用蒙版合成图像效果的方法。本实例的操作性和技巧性非常强，在学习时要认真体会通道和蒙版在该实例中所起的作用。

【编辑】菜单中的命令是进行图像处理时经常使用的基本命令，其中的【拷贝】、【粘贴】、【描边】、【填充】、【定义图案】和【变换】等命令是进行图像处理时非常重要的命令。本章将对【拷贝】、【粘贴】、【描边】、【定义图案】、【填充】以及【变换】命令进行详细的讲解。

上机练习1　【粘贴入】和【描边】命令

本练习将通过一幅图像的合成，进一步熟悉【拷贝】、【粘贴入】和【描边】命令的使用方法。

练习目的

- 掌握【拷贝】和【粘贴入】命令的使用方法。
- 掌握【描边】命令的使用方法。
- 了解【定义图案】和【填充】命令的使用方法。

练习内容

利用图像的【拷贝】、【粘贴入】以及【描边】命令来合成图像，制作出如图9-1所示的图像合成效果（参见素材文件\练习内容图片\09）。

图9-1　合成效果

操作步骤

(1) 按 Ctrl+O 键，打开素材文件中的"图库\09\背景.jpg"和"扇子.psd"图片文件，如图9-2所示。

图9-2 打开的图片

(2) 选择 ⊕ 工具，将扇子移动复制到背景画面中，并调整合适的大小后放置在如图 9-3 所示的位置。

(3) 选中工具箱中的 ⬙ 按钮和 ⬚ 按钮，在画面中绘制出如图 9-4 所示的路径，然后按 Ctrl+Enter 键，将路径转换成选区。

图9-3 扇子放置的位置

图9-4 绘制的路径

(4) 按 Ctrl+O 键，打开素材文件中的 "图库\09\婚纱照 01.jpg" 图片文件，如图 9-5 所示。

(5) 按 Ctrl+A 键将画面选择，然后选择菜单栏中的【编辑】/【拷贝】命令，将婚纱照复制。

(6) 将 "背景" 图片文件置为当前工作状态，选择菜单栏中的【编辑】/【粘贴入】命令，将复制的婚纱照粘贴入扇子形状的选区中，调整大小和位置后的形态如图 9-6 所示。

图9-5 打开的图片

图9-6 婚纱照放置的位置

(7) 选择菜单栏中的【图层】/【图层样式】命令，在弹出的【图层样式】对话框中设置选项及参数，如图 9-7 所示。

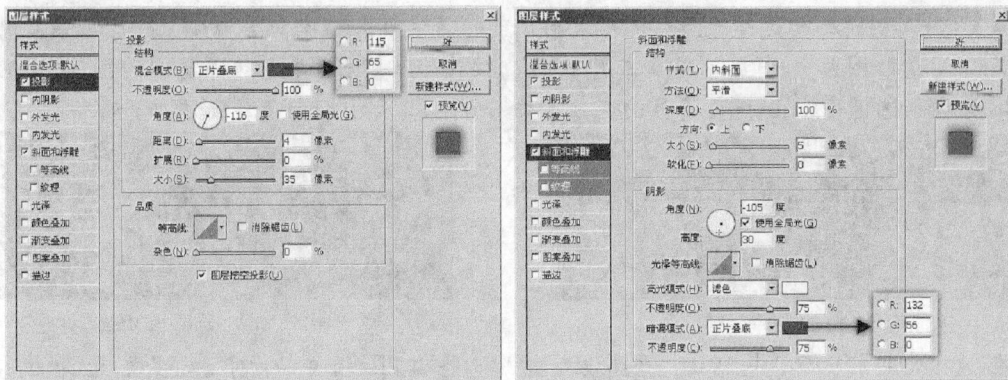

图9-7 【图层样式】对话框

(8) 单击 [好] 按钮，给扇子添加图层样式，效果如图 9-8 所示。

(9) 选择 [T] 工具，在画面的下方位置输入 "LOVE" 英文字母，如图 9-9 所示。

图9-8 添加图层样式后的效果

图9-9 输入的字母

(10) 选择菜单栏中的【图层】/【栅格化】/【文字】命令，将文字层转换成普通层，然后利用 [ ] 工具，绘制出如图 9-10 所示的矩形选区，将字母 "O" 选中。

(11) 按 [Delete] 键，将字母 "O" 删除，然后利用 [ ] 工具，将选择字母 "VE"，并利用 [ ] 工具向右移动一段距离，效果如图 9-11 所示。

图9-10 绘制的选区

图9-11 移动后的状态

(12) 选择工具箱中的 [ ] 工具，激活属性栏中的 [ ] 按钮，再单击属性栏中的 [ ] 按钮，在弹出的【自定形状】面板中选择如图 9-12 所示的 "心形" 形状。

(13) 按住 [Shift] 键，在画面中绘制出如图 9-13 所示的 "心形" 图形。

图9-12 【自定形状】面板

图9-13 绘制出的图形

(14) 按住 [Ctrl] 键，单击【图层】面板中的 "文字" 图层，添加选区，形态如图 9-14 所示。

(15) 按 [Ctrl]+[O] 键，打开素材文件中的 "图库\09\婚纱照 02.jpg" 图片文件。

(16) 按 Ctrl+A 键将画面选择，然后选择菜单栏中的【编辑】/【拷贝】命令，将婚纱照复制。

(17) 将"背景"图片文件置为当前工作状态，按 Shift+Ctrl+V 键，将复制的图像粘贴入文字形状的选区中，并利用【自由变换】命令调整其大小和位置，如图 9-15 所示。

图9-14 添加的选区

图9-15 粘贴入选区中的图像

(18) 在【图层】面板中新建"图层 4"，将工具箱中的前景色设置为橘黄色（R:255,G:158,B:90），选择菜单栏中的【编辑】/【描边】命令，然后在弹出的【描边】对话框中设置选项及参数，如图 9-16 所示。

(19) 选项及参数设置完成后，单击 好 按钮，沿字母的边缘描绘颜色，去除选区，描绘颜色后的效果如图 9-17 所示。

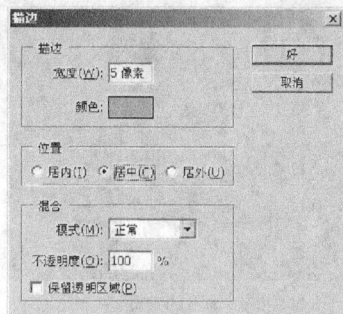

图9-16 【描边】对话框

图9-17 描边后的效果

至此，图像合成制作完成，其整体效果如图 9-1 所示。

(20) 按 Shift+Ctrl+S 键，将其命名为"练习 01.psd"进行保存。

练习总结

在进行图像的合成时，灵活运用了【粘贴入】命令，运用此命令时必须要有选区。

上机练习 2 利用【自由变换】命令制作包装盒

本练习将通过一个包装盒立体效果的制作进一步熟悉【自由变换】命令的使用方法。

练习目的

- 掌握变换框的基本使用方法。
- 掌握快捷键与图像调整的结合使用技巧。
- 掌握透视图的调整方法。

练习内容

利用【自由变换】命令制作如图 9-18 所示的包装盒立体效果图（参见素材文件\练习内容图片\09）。

图9-18 绘制完成的包装盒立体效果图

操作步骤

(1) 按 Ctrl+N 键，在弹出的【新建】对话框中将文件的【高度】设置为 "18 厘米"、【宽度】设置为 "25 厘米"、【分辨率】设置为 "150 像素/英寸"、【颜色模式】设置为 "RGB 颜色"、【背景内容】设置为 "白色"，建立一个新文件。

(2) 单击工具箱中的 █ 按钮，在属性栏中的 ██████ 按钮上单击，弹出【渐变编辑器】窗口，设置渐变颜色参数，如图 9-19 所示，然后单击 好 按钮。

(3) 按住 Shift 键，将鼠标光标移动到画面中，自下而上拖曳鼠标，为 "背景" 层填充设置的线性渐变色，效果如图 9-20 所示。

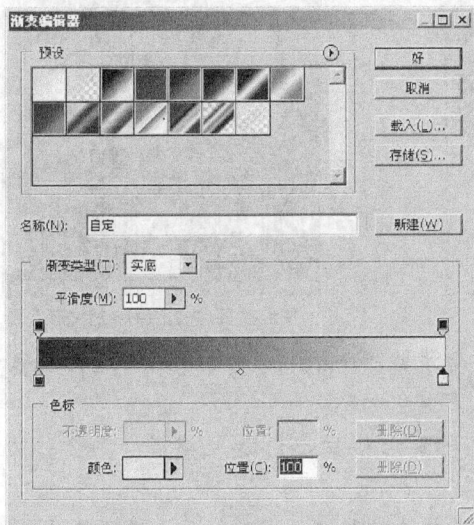

图9-19 【渐变编辑器】窗口

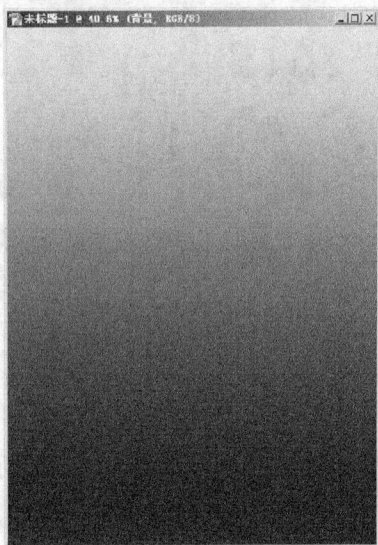

图9-20 填充渐变色后的效果

(4) 按 Ctrl+O 键，打开素材文件中的 "图库\09\包装设计.jpg" 图片文件，如图 9-21 所示。

图9-21 打开的图片文件

(5) 单击工具箱中的 ▢ 按钮，在画面中绘制出如图 9-22 所示的矩形，选择包装的正面图形。

(6) 利用 ▶╋ 工具，将选择的包装正面图形移动复制到新建文件中，生成"图层 1"。

(7) 按 Ctrl+T 键，为正面图形添加自由变换框，然后按住 Shift+Ctrl 键，将鼠标光标放置在变换框左下角的控制点上，按下鼠标左键并向上拖曳，将图形的左边高度缩小一些。

(8) 按住 Shift+Ctrl 键，将鼠标光标放置在变换框左边中间的控制点上，按下鼠标左键向上拖曳，制作出如图 9-23 所示的透视形态。

图9-22 绘制的选区

图9-23 调整后的图形透视形态

(9) 按 Enter 键，确定图形的透视调整。然后用与步骤(5)～(6)相同的方法，选择包装的侧面图形后移动复制到新建文件中生成"图层 2"。

(10) 用与步骤(7)～(8)相同的方法，将侧面图形添加变形框后进行透视调整，调整后的侧面图形形态如图 9-24 所示。

(11) 选择包装的顶面图形后移动复制到新建文件中生成"图层 3"，然后利用变形框将其进行透视调整，制作出包装盒的立体效果，如图 9-25 所示。

(12) 将"图层 2"设置为当前层，然后按 Ctrl+M 键，弹出【曲线】对话框，调整曲线形态，如图 9-26 所示。

图9-24 调整后的侧面图形形态　　图9-25 调整后的顶面图形形态　　图9-26 【曲线】对话框

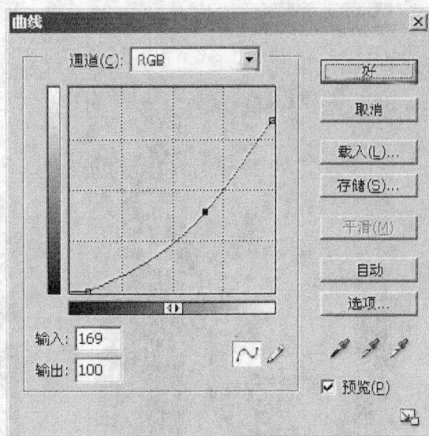

(13) 单击 [好] 按钮，调整后的效果如图 9-27 所示。

(14) 将"图层 3"设置为当前层，然后按 Ctrl+M 键，弹出【曲线】对话框，调整曲线形态如图 9-28 所示。

(15) 单击 [好] 按钮，调整后的效果如图 9-29 所示。

图9-27 调整后的效果　　　　图9-28 【曲线】对话框　　　　图9-29 调整后的效果

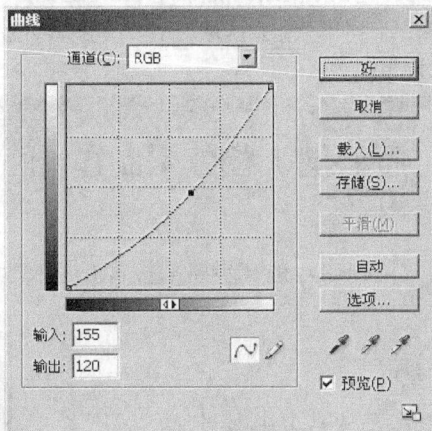

(16) 在【图层】面板中将"图层 1"设置为当前层，按 Ctrl+Alt+T 键，将正面图形复制后添加自由变形框。

(17) 在变形框内单击鼠标右键，在弹出的快捷菜单中选择【垂直翻转】命令，将复制出的正面图形垂直翻转。

(18) 将翻转后的图形垂直向下移动，并调整其透视角度使其与包装盒的底边对齐，形态如图 9-30 所示，然后按 Enter 键，确定图形的变换操作。

(19) 按 D 键，将工具箱中的前景色和背景色分别设置为默认的黑色和白色，然后单击【图层】面板底部的 [□] 按钮，为"图层 1 副本"添加图层蒙版。

(20) 选择 [■] 工具，在复制出的图形上由上向下拖曳鼠标添加蒙版效果，制作出包装盒的正面倒影效果，如图 9-31 所示。

(21) 用与步骤(16)～(20)相同的方法，制作出包装盒侧面的倒影效果，如图 9-32 所示。

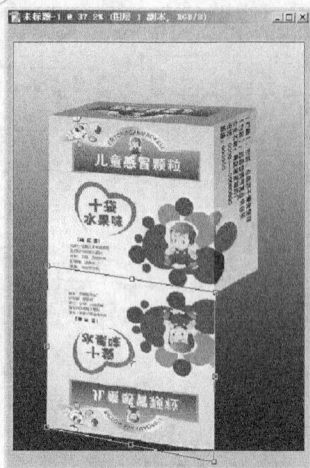

图9-30 调整后的图形形态　　　图9-31 制作出的倒影效果　　　图9-32 制作出的侧面倒影效果

(22) 按 Shift+Ctrl+S 键，将文件命名为"练习 02.psd"进行保存。

练习总结

在图形透视变形时要注意快捷键的使用，熟练掌握快捷键可以快速地完成图像各种样式的透视、变形以及立体效果的制作。利用 Ctrl+Alt+T 键，可以将图像在原位置复制，但只有将复制出的图像移动位置时才可以看见。

上机练习3　旋转的人物效果制作

本练习将通过旋转的人物效果制作，进一步熟悉按 Ctrl+T 键和按住 Shift+Ctrl+Alt 键并连续按 T 键的操作。

练习目的

● 熟练掌握图形变形操作及旋转复制操作。

练习内容

首先利用【定义图案】命令将图形进行图案定义，然后使用【填充】命令将定义的图案填充到画面中，制作出如图9-33 所示的图案效果（参见素材文件\练习内容图片\09）。

图9-33 制作完成的图案效果

操作步骤

(1) 选择菜单栏中的【文件】/【新建】命令，在弹出的【新建】对话框中设置文件的【宽度】为"12 厘米"、【高度】为"12 厘米"、【分辨率】为"150 像素/英寸"、【颜色模式】为"RGB 颜色"、【背景内容】为"白色"，创建新文件。

(2) 选择菜单栏中的【视图】/【新参考线】命令，弹出【新参考线】对话框，选项及参数设置如图 9-34 所示。为新文件添加垂直的和水平的两条参考线。

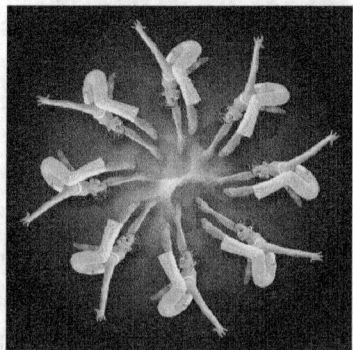

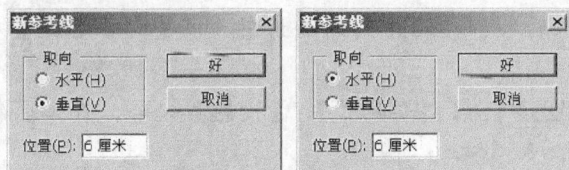

图9-34 【新参考线】对话框

(3) 分别设置选项及参数后，单击 好 按钮进行参考线的添加。

(4) 单击工具箱中的 ▦ 按钮，在【渐变编辑器】窗口中设置如图 9-35 所示的渐变色。

(5) 单击 好 按钮，在参考线的交点上按住鼠标左键拖曳填充径向渐变色，效果如图 9-36 所示。

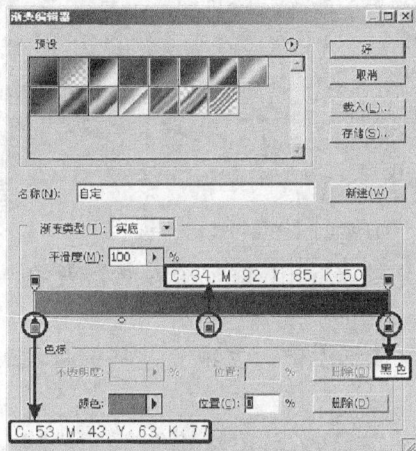

图9-35 【渐变编辑器】窗口

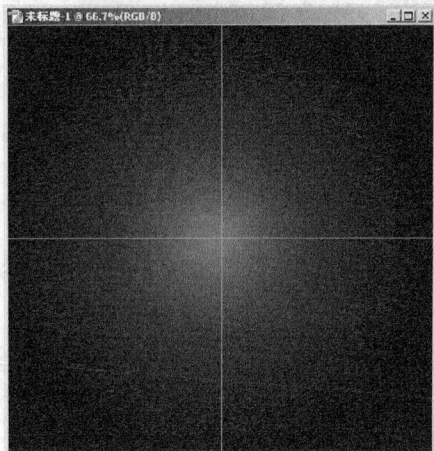

图9-36 渐变颜色后的效果

(6) 按 Ctrl+O 键，打开素材文件中的 "图库\09\纹理.jpg" 和 "图库\09\健美.jpg" 图片文件。

(7) 利用 ⊹ 工具将纹理图片移动到画面中，利用变形框调整大小与位置，再在【图层】面板中设置【混合模式】为 "叠加"，效果如图 9-37 所示。

(8) 单击工具箱中的 ✎ 按钮，在打开的人物图片的白色背景位置单击添加选区，如图 9-38 所示。

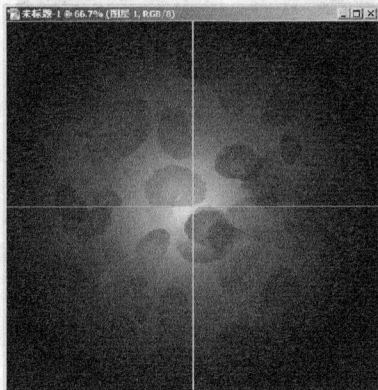

图9-37 画面中的纹理效果

图9-38 添加的选区

(9) 按 Shift+Ctrl+I 键将选区反选，然后选择菜单栏中的【选择】/【羽化】命令，在弹出的【羽化选区】对话框中设置【羽化半径】为 "1 像素"，单击 好 按钮进行选区的羽化设置。

(10) 利用 ⊹ 工具将选取的人物移动复制到画面中，调整大小后放置在如图 9-39 所示的位置。

(11) 选择菜单栏中的【图层】/【图层样式】/【投影】命令，在弹出的【图层样式】对话框中设置选项及参数，如图 9-40 所示。

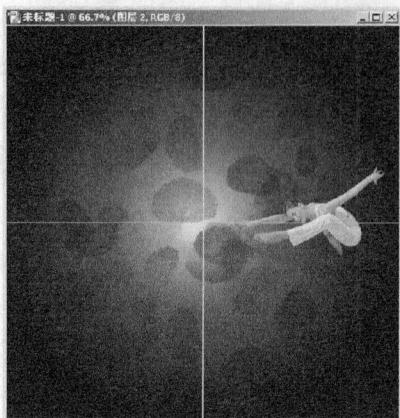

图9-39 人物调整放置的位置

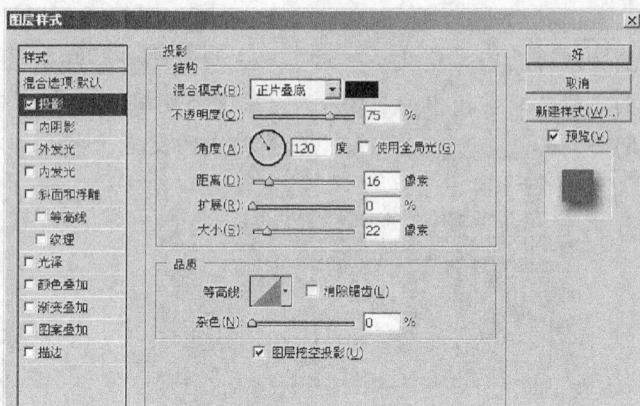

图9-40 【图层样式】对话框

(12) 单击 好 按钮，给人物添加投影效果。按 Ctrl+T 键，给人物图片添加变换框。

(13) 将鼠标光标放置在变换框的中心控制点上，按住鼠标左键向左拖曳，将中心控制点移动到参考线的交点位置，如图 9-41 所示。

(14) 在属性栏中设置 ⊿ 45 度为 "45"，单击 ✓ 按钮，确认人物图片的角度旋转操作。

(15) 按住 Shift+Ctrl+Alt 键，连续按 T 键对人物图片进行重复旋转复制操作，直到将人物旋转复制出一圈效果为止。

(16) 选择菜单栏中的【视图】/【清除参考线】命令，清除画面中的参考线，此时，完成了人物的旋转组合，其整体效果如图 9-42 所示。

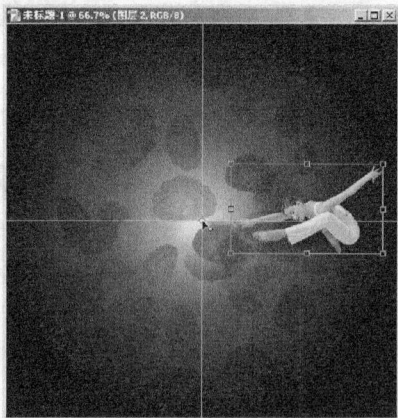

图9-41 控制点放置在参考线的交点位置

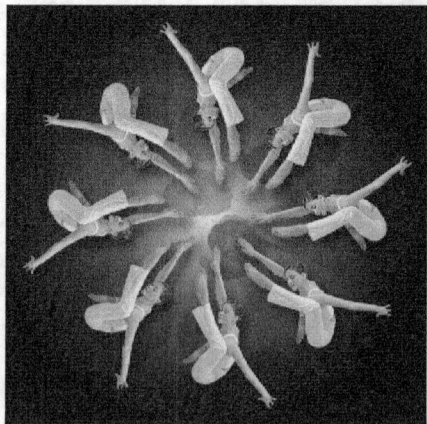

图9-42 完成的人物旋转组合

(17) 按 Shift+Ctrl+S 键，将绘制完成的画面命名为 "练习 03.psd" 进行保存。

练习总结

利用 Shift+Ctrl+Alt 键及 T 键的结合使用，可以快速地重复图形的变形操作以及旋转操作，在变形及旋转的同时会得到复制出的图形。

上机练习4 【定义图案】和【填充】命令

本练习将通过一个图案背景的制作，进一步熟悉【定义图案】命令和【填充】命令。

练习目的

- 掌握【定义图案】命令的使用方法。
- 掌握【填充】命令的使用方法。

练习内容

首先利用【定义图案】命令将图形进行图案定义，然后使用【填充】命令将定义的图案填充到画面中，制作出如图 9-43 所示的图案效果（参见素材文件\练习内容图片\09）。

图9-43 制作完成的图案效果

操作步骤

(1) 按 Ctrl+O 键，打开素材文件中的 "图库\09\卡通西瓜.psd" 图片文件，如图 9-44 所示。

(2) 选择菜单栏中的【编辑】/【定义图案】命令，弹出【图案名称】对话框，如图 9-45 所示，单击 好 按钮，将标志定义为图案。

图9-44 打开的标志图片

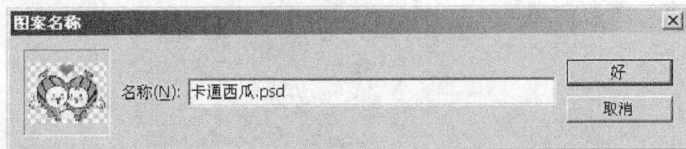

图9-45 【图案名称】对话框

(3) 按 Ctrl+N 键，在弹出的【新建】对话框中将文件的【高度】设置为 "12 厘米"、【宽度】设置为 "20 厘米"、【分辨率】设置为 "120 像素/英寸"、【颜色模式】设置为 "RGB 颜色"、【背景内容】设置为 "白色"，创建新文件。

(4) 选择菜单栏中的【编辑】/【填充】命令，弹出【填充】对话框，如图 9-46 所示。

(5) 将【填充】对话框中的【使用】设置为 "图案"，在下面的 按钮上单击，在弹出的【图案】面板中选择如图 9-47 所示的图案。

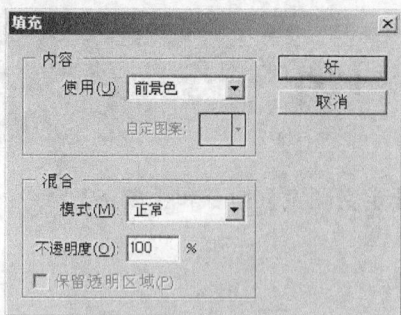

图9-46 【填充】对话框

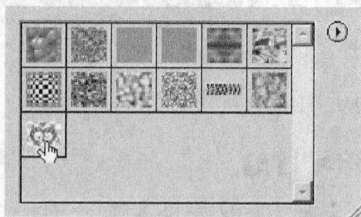

图9-47 选择定义的图案状态

(6) 选择定义的图案后，单击 [好] 按钮，为创建的新文件填充图案，填充图案后的画面效果如图 9-48 所示。

图9-48 填充的图案效果

(7) 按 Shift+Ctrl+S 键，将填充图案后的画面命名为"练习 04.jpg"进行保存。

练习总结

　　利用菜单栏中的【编辑】/【定义图案】命令进行图案的定义时，如果不给需要定义的图案添加选区，将会把整幅图像定义为图案；如果添加选区，定义的将是选区内部的图像，但绘制的选区必须是没有进行羽化参数设置的矩形选区，如果是其他形状或具有羽化参数的选区，【定义图案】命令将不能使用。还有一点要注意，在进行图案的定义时，一定要先考虑到填充后的图案大小情况。当填充的图案过大时，可以把被设定为图案的文件尺寸设置得小一些后再进行图案定义。

第10章 图像颜色调整

使用菜单栏中的【图像】/【调整】命令，可以对图像进行颜色、亮度、饱和度及对比度等的调整。利用这些命令可以将黑白照片修改为彩色照片，也可以将彩色照片转换成单色或黑白照片。

上机练习 1 黑白照片的彩色化

本练习将通过一幅黑白照片的彩色化调整，进一步熟练掌握菜单栏中【图像】/【调整】命令的使用方法。

练习目的

- 掌握亮度、对比度和图像颜色的调整方法。
- 掌握选区和【图像】/【调整】命令的结合使用方法。

练习内容

下面利用图像色彩调整命令为黑白照片添加颜色，完成黑白照片的彩色化处理。彩色化处理前后的照片对比效果如图 10-1 所示（参见素材文件\练习内容图片\10）。

图10-1 彩色化处理前后的照片对比效果

操作步骤

(1) 按 Ctrl+O 键，打开素材文件中的 "图库\10\小孩.jpg" 图片文件。

(2) 打开【路径】面板，单击【路径】面板底部的 ⬜ 按钮，创建 "路径 1"。

(3) 选中工具箱中的 ✍ 按钮和 ▶ 按钮，沿小孩帽子的边缘绘制路径，使绘制的路径将小孩帽子选取，绘制的钢笔路径形态如图 10-2 所示。

(4) 按 Ctrl+Enter 键，将钢笔路径转换成选区。

由于小孩的帽子整体比较暗，首先将帽子调亮，然后添加颜色。

(5) 选择菜单栏中的【图像】/【调整】/【色阶】命令，在弹出的【色阶】对话框中设置参数，如图 10-3 所示。

图10-2 绘制的钢笔路径

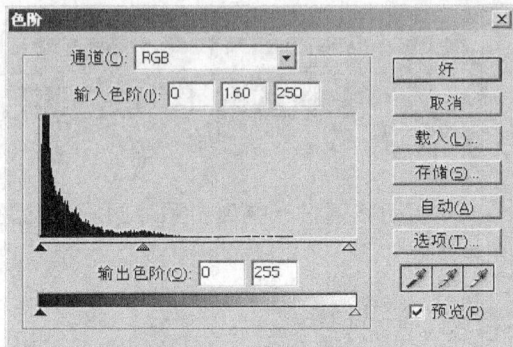

图10-3 【色阶】对话框

(6) 参数设置完成后，单击 [好] 按钮，选择菜单栏中的【图像】/【调整】/【曲线】命令，在弹出的【曲线】对话框中设置其参数，如图 10-4 所示。

(7) 单击 [好] 按钮，帽子调整亮度后的效果如图 10-5 所示。

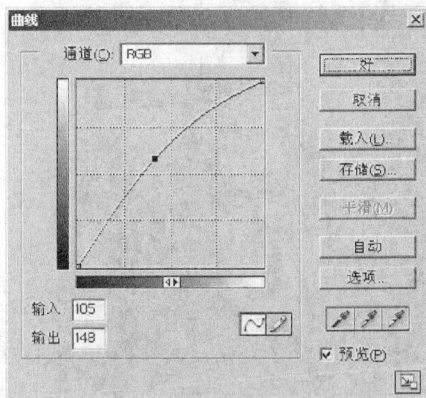

图10-4 【曲线】对话框

图10-5 帽子调整亮度后的效果

下面为小孩的帽子添加颜色。

(8) 选择菜单栏中的【图像】/【调整】/【色相/饱和度】命令，在弹出的【色相/饱和度】对话框中设置其参数，如图 10-6 所示。

(9) 单击 [好] 按钮，小孩的帽子调整颜色后的效果如图 10-7 所示。

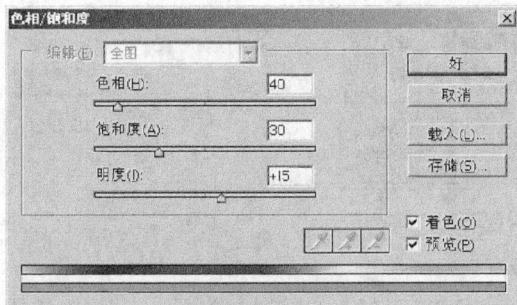

图10-6 【色相/饱和度】对话框

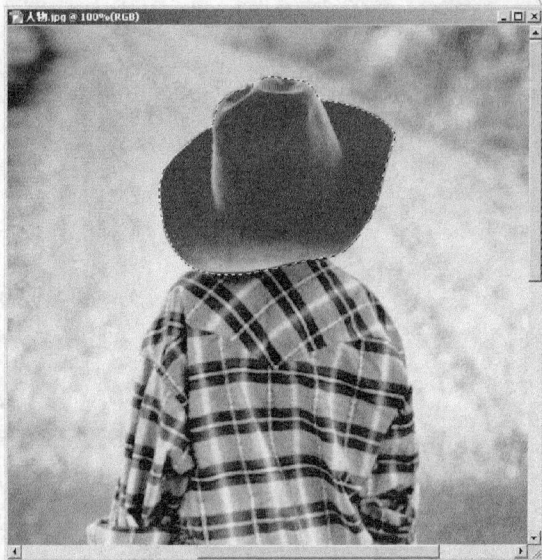

图10-7 颜色效果

(10) 创建"路径 2",利用路径工具选取小孩的衣服并按 Ctrl+Enter 键,转换成选区,形态如图 10-8 所示。

(11) 选择菜单栏中的【图像】/【调整】/【色彩平衡】命令,在弹出的【色彩平衡】对话框中设置参数,如图 10-9 所示。

图10-8 衣服选取后的形态

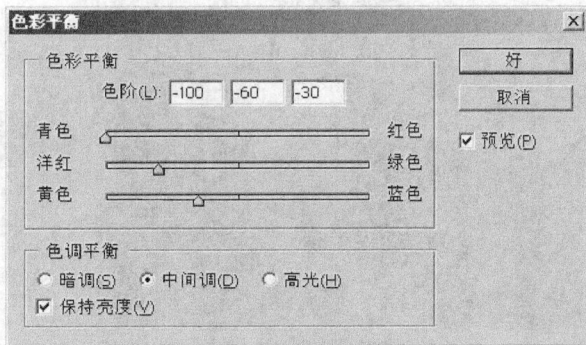

图10-9 【色彩平衡】对话框

(12) 单击 好 按钮。小孩的衣服调整颜色后的效果如图 10-10 所示。

(13) 创建"路径 3"和"路径 4",利用路径工具选取小孩的手和鞋,并利用菜单栏中的【图像】/【调整】/【色彩平衡】命令进行调整,【色彩平衡】对话框参数设置如图 10-11 所示。

图10-10 调整颜色后的效果

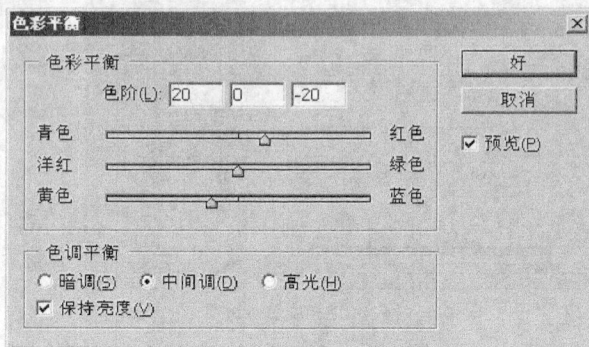

图10-11 【色彩平衡】对话框

(14) 参数设置完成后，单击 好 按钮。

(15) 单击工具箱中的 按钮，通过选区的加减选取画面中的绳子，添加选区后的形态如图 10-12 所示。

(16) 选择菜单栏中的【图像】/【调整】/【色彩平衡】命令进行调整，【色彩平衡】对话框 参数设置如图 10-13 所示。

图10-12 绳子选取后的形态

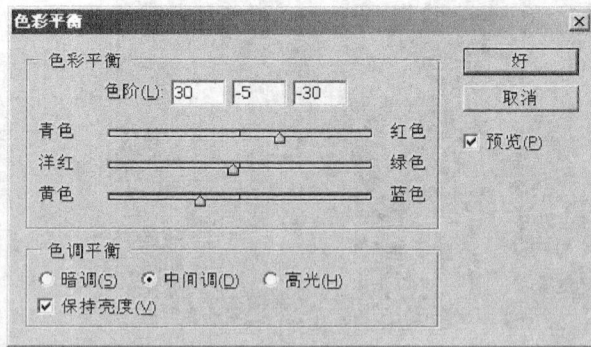

图10-13 【色彩平衡】对话框

(17) 参数设置完成后，单击 好 按钮，绳子调整颜色后的效果如图 10-14 所示。

(18) 在【路径】面板中单击底部的 按钮，将绘制的选区转换成路径。

(19) 在【路径】面板中的"工作路径"上双击，弹出如图 10-15 所示的【存储路径】对话框。

图10-14 绳子调整颜色后的效果

图10-15 【存储路径】对话框

(20) 单击 [好] 按钮，将"工作路径"更改为"路径5"并进行存储。

(21) 按住 [Shift]+[Ctrl] 键，在【路径】面板中的路径上分别单击，在画面中添加选区。

(22) 选择菜单栏中的【选择】/【反选】命令，选取画面中的背景，如图 10-16 所示。

(23) 选择菜单栏中的【图像】/【调整】/【色相/饱和度】命令，在弹出的【色相/饱和度】对话框中设置其参数，如图 10-17 所示。

图10-16 选区反选后的形态

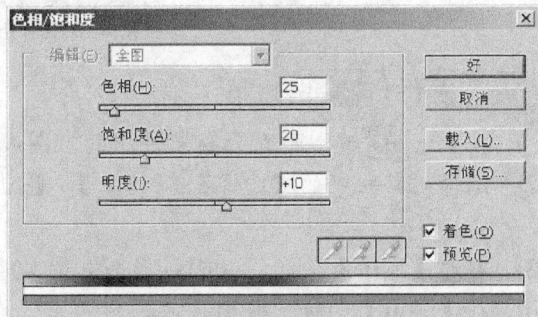

图10-17 【色相/饱和度】对话框

(24) 参数设置完成后，单击 [好] 按钮。

至此，黑白照片调整完成，其彩色化后的效果如图 10-1 所示。

(25) 按 [Shift]+[Ctrl]+[S] 键，将调整后的画面效果命名为"练习 01.jpg"进行保存。

练习总结

　　本例主要运用【图像】/【调整】命令对黑白照片进行了彩色化处理。在进行这类图片处理时，一定要注意画面的明暗程度、色彩的搭配和调整后画面颜色的真实程度等方面，掌握好这几个要点在调整一幅画面时将不会很困难。另外一个值得注意的问题就是路径和选区的结合使用，精确选取图像是进行色彩调整的关键。

上机练习 2　彩色照片的单色处理

本练习将通过一幅彩色照片的单色化处理，熟练掌握【图像】/【调整】命令的使用方法。

练习目的

- 掌握图像亮度、对比度和颜色的调整方法。
- 掌握图像模式的转换及图像单色的调整方法。

练习内容

下面利用【图像】/【调整】命令以及模式的转换，将彩色照片调整成单色效果，照片处理前后对比效果如图 10-18 所示（参见素材文件\练习内容图片\10）。

图10-18　照片处理前后的对比效果

操作步骤

(1) 按 Ctrl+O 键，打开素材文件中的"图库\10\婚纱.jpg"图片文件。
(2) 选择菜单栏中的【图像】/【模式】/【Lab 颜色】命令，将图像文件转换成 Lab 颜色模式。
(3) 打开【通道】面板，其面板形态如图 10-19 所示。
(4) 在【通道】面板中分别将"a"和"b"通道删除，则【通道】面板变为如图 10-20 所示的形态。

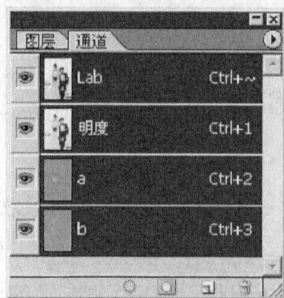

图10-19　【通道】面板

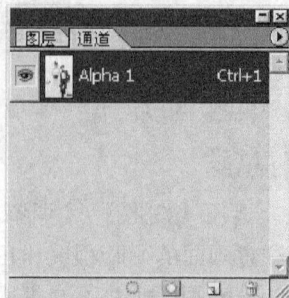

图10-20　删除通道后的形态

(5) 选择菜单栏中的【图像】/【调整】/【亮度/对比度】命令，在弹出的【亮度/对比度】对话框中设置参数，如图 10-21 所示。

(6) 单击 [好] 按钮，调整亮度及对比度后的画面效果如图 10-22 所示。

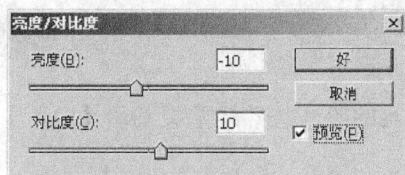

图10-21 【亮度/对比度】对话框

图10-22 调整亮度及对比度后的画面效果

(7) 选择菜单栏中的【图像】/【模式】/【灰度】命令，将图像文件转换成灰度模式。

(8) 选择菜单栏中的【图像】/【模式】/【RGB 颜色】命令，将图像文件再转换成 RGB 颜色模式。

(9) 选择菜单栏中的【图像】/【调整】/【变化】命令，弹出【变化】对话框，分别在【加深黄色】和【加深蓝色】图像窗口中单击给图像添加颜色。【变化】对话框如图 10-23 所示。

(10) 颜色设置完成后单击 [好] 按钮，调整颜色后的画面效果如图 10-24 所示。

图10-23 【变化】对话框

图10-24 调整颜色后的画面效果

使用相同的方法可以将照片调整成各种色调颜色效果。

(11) 按 Shift+Ctrl+S 键，将单色化后的照片命名为 "练习 02.jpg" 进行保存。

本例主要运用了图像的色彩模式转换将照片原有的色彩进行去除，然后使用【图像】/【调整】/【变化】命令给图像调整出单色效果。在进行彩色照片单色化处理中，要注意使用 Lab 模式的转换方法，使用此方法可以有效地去除照片中不需要的杂色，使单色处理后的照片效果清晰明亮。

上机练习 3　调整曝光不足的照片

本练习通过调整一幅因光线不足而产生的曝光不足的照片，熟练掌握利用【色阶】命令调整图像色调的操作。

练习目的

- 掌握利用【色阶】命令将曝光不足的照片调整成理想效果的操作方法。

练习内容

下面利用【色阶】命令，将曝光不足的照片调整成理想的效果，照片原效果与调整后的效果对比如图 10-25 所示（参见素材文件\练习内容图片\10）。

图10-25　照片处理前后的对比效果

操作步骤

(1) 按 Ctrl+O 键，打开素材文件中的"图库\10\照片 01.jpg"图片，如图 10-26 所示。

(2) 选择菜单栏中的【图像】/【调整】/【色阶】命令，在弹出的【色阶】对话框中单击【设置白场】按钮✎，如图 10-27 所示。

图10-26　打开的图片文件

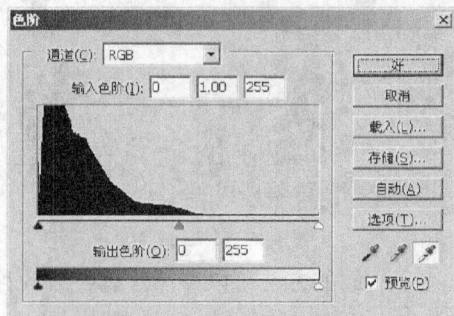

图10-27　【色阶】对话框

(3) 将鼠标光标移到照片中最亮的颜色点位置选择参考色，如图 10-28 所示，单击鼠标左
键，拾取参考色后的显示效果如图 10-29 所示。

图10-28 单击鼠标吸取参考色

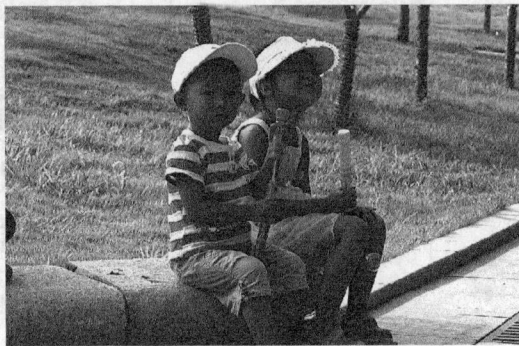

图10-29 拾取参考色后的照片显示效果

(4) 在【色阶】对话框中分别对【输入色阶】的参数进行调整，如图 10-30 所示，单击
　　　好　　　按钮，完成照片的处理，最终效果如图 10-31 所示。

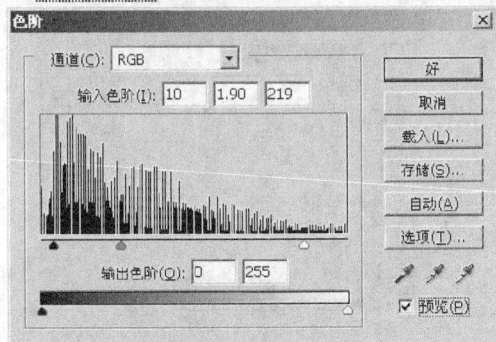

图10-30 【色阶】对话框

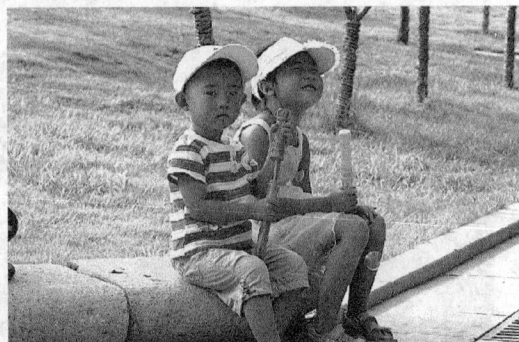

图10-31 处理完成的照片最终效果

(5) 按 Shift+Ctrl+S 键，将处理完成的照片命名为 "练习 03.jpg" 进行保存。

练习总结

本例主要运用了【色阶】命令来调整曝光不足的照片，在调整时利用【设置白场】按钮在
画面中选取最亮的色彩位置是最关键的，如果此色彩位置找不准，就很难调整出理想的照片明暗
效果。

上机练习4 调整颜色偏灰的照片

本练习通过调整一幅在阴天状况下拍摄的画面偏灰的照片，熟练掌握利用【曲线】命令调
整画面颜色的操作方法。

练习目的

- 掌握利用【曲线】命令将画面偏灰的照片调整成理想效果的操作方法。

练习内容

下面利用【曲线】命令，将画面偏灰的照片调整成理想的效果，照片调整前后的效果对比
如图 10-32 所示（参见素材文件\练习内容图片\10）。

图10-32　照片处理前后对比效果

操作步骤

(1)　按 Ctrl+O 键，打开素材文件中的"图库\10\照片 02.jpg"照片文件，如图 10-33 所示。

(2)　选择菜单栏中的【图像】/【调整】/【曲线】命令，在弹出的【曲线】对话框中将鼠标
　　　光标移动到曲线上，单击插入一个控制点，然后在控制点上按住鼠标左键拖曳，根据
　　　画面出现的明暗变化来调整曲线的形状，如图 10-34 所示。

图10-33　打开的照片

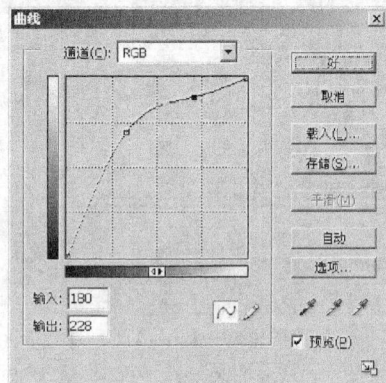

图10-34　【曲线】对话框

(3)　继续利用【曲线】对话框对照片的颜色进行强化。在【曲线】对话框中设置【通道】
　　　为"蓝"，然后对曲线进行调整，调整后的曲线形状如图 10-35 所示。

(4)　单击　好　按钮，完成对偏灰照片的调整，效果如图 10-36 所示。

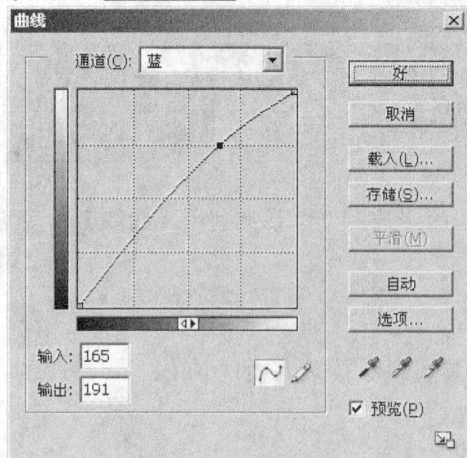

图10-35　【曲线】对话框

图10-36　调整后的照片显示

(5) 按 Shift+Ctrl+S 键，将调整后的照片命名为 "练习 04.jpg" 进行保存。

练习总结

本例主要运用了【曲线】命令来调整画面偏灰的照片。在调整曲线时，一般是先调整 RGB 复合通道的画面明暗对比效果，调整好明暗对比后，如果画面的颜色偏色，再调整【通道】选项中的 "红"、"绿"、"蓝" 通道，这样可以调整出理想的画面颜色效果。

上机练习5 调整霞光色调

本练习通过将一幅白天照片调整为晚霞效果，熟练掌握利用【可选颜色】命令调整画面色调的操作方法。

练习目的

● 学习把白天拍摄的照片调整成傍晚的霞光效果。

练习内容

下面利用【可选颜色】命令，通过设置和调整不同的颜色参数，把白天拍摄的照片调整成傍晚的霞光效果，照片素材及调整出的霞光效果如图 10-37 所示（参见素材文件\练习内容图片\10）。

图10-37 照片素材及调整出的傍晚霞光效果

操作步骤

(1) 按 Ctrl+O 键，打开素材文件中的 "图库\10\照片 03.jpg" 图片文件，如图 10-38 所示。

图10-38 打开的图片文件

(2) 选择菜单栏中的【图像】/【调整】/【可选颜色】命令，在弹出的【可选颜色】对话框中依次选择不同的【颜色】选项，并分别调整颜色参数，如图 10-39 所示。

图10-39　【可选颜色】对话框中的各选项及参数设置

(3) 单击 ＿＿確定＿＿ 按钮，图像即显示出梦幻般的霞光色调效果，如图 10-37 所示。

读者也可自行调整以上的【颜色】参数，看是否能调整出更漂亮的颜色效果来。

(4) 按 Shift+Ctrl+S 键，将此文件命名为"练习 05.jpg"进行保存。

练习总结

本例主要运用了【可选颜色】命令来调整画面的色调。在实际操作过程中，读者还可利用【色相/饱和度】和【色彩平衡】等命令进行调整。课下读者可自行进行试验，以掌握各种【调整】命令，达到学以致用的目的。

第11章 滤镜应用

本章主要练习 Photoshop 中最精彩的内容——滤镜。【滤镜】命令根据艺术类别的不同共分为 13 类，有近百种不同的效果，熟练掌握此命令后，可以制作出许多精美的图像创意作品。本章将利用【滤镜】菜单中最常用的命令并结合前面学过的其他命令进行特殊效果制作。

上机练习1 图像的变形

练习目的

- 了解【液化】对话框中常用工具的使用方法。

练习内容

利用【液化】命令将闹钟扭曲变形后与准备的素材图片合成，完成如图 11-1 所示的图像合成效果（参见素材文件\练习内容图片\11）。

图11-1 绘制完成的图像效果

操作步骤

(1) 按 Ctrl+O 键，打开素材文件中的"图库\11\闹钟.jpg"和"图库\11\风景.jpg"图片文件，如图 11-2 所示。

图11-2 打开的图片文件

(2) 选取打开文件中的闹钟后移动复制到"风景.jpg"图片中，为其添加变换框并调整合适的大小和位置。

(3) 选择菜单栏中的【滤镜】/【液化】命令，弹出的【液化】对话框如图 11-3 所示。

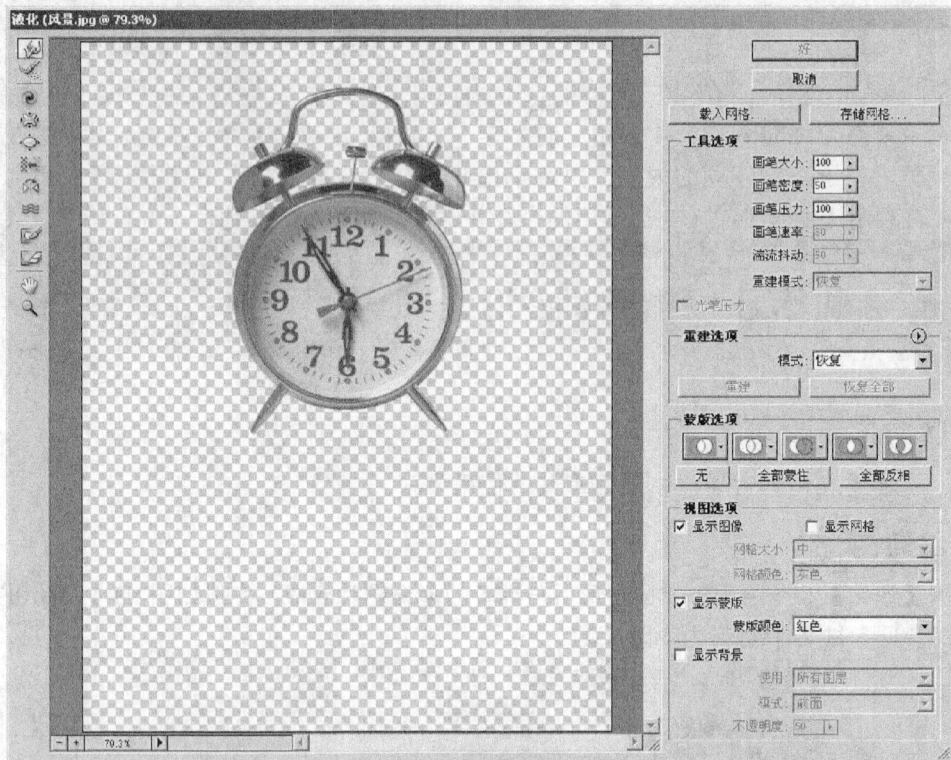

图11-3 【液化】对话框

(4) 在弹出的【液化】对话框中单击 按钮，在右侧的工具选项中设置【画笔大小】为"150"像素。

(5) 将鼠标光标放置在闹钟的底部，按下鼠标左键向下拖曳进行变形处理，其状态如图 11-4 所示。

(6) 重复拖曳鼠标，变形后的闹钟底部效果如图 11-5 所示。

图11-4 图像变形状态

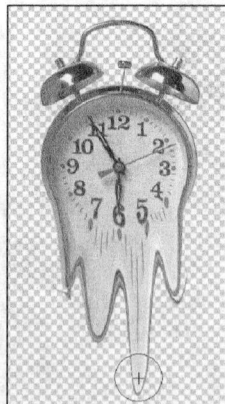

图11-5 变形后的闹钟底部效果

(7) 单击工具箱中的 按钮，在闹钟的左上角按下鼠标左键，将闹钟顺时针旋转变形，旋转变形后的效果如图 11-6 所示。

(8) 按住 Alt 键，在闹钟的右上角按下鼠标左键，将闹钟逆时针旋转变形，旋转变形后的效果如图 11-7 所示。

图11-6　将闹钟顺时针旋转变形后的效果

图11-7　将闹钟逆时针旋转变形后的效果

(9) 将闹钟变形后，单击 好 按钮，完成闹钟的液化变形效果，其整体效果如图 11-8 所示。

(10) 选择菜单栏中的【图像】/【调整】/【色相/饱和度】命令，在弹出的【色相/饱和度】对话框中设置选项及参数，如图 11-9 所示。

(11) 单击 好 按钮，调整颜色后的闹钟效果如图 11-10 所示。

图11-8　变形后的闹钟形态　　图11-9　【色相/饱和度】对话框　　图11-10　调整颜色效果

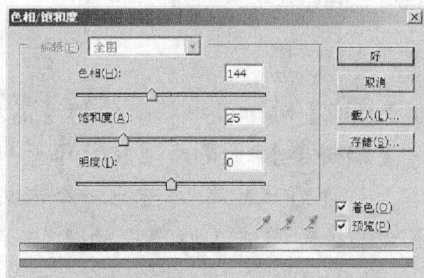

(12) 单击【图层】面板底部的 按钮，给"图层 1"添加图层蒙版。

(13) 单击工具箱中的 按钮，将工具箱中的前景色设置为白色，背景色设置为黑色，在属性栏中设置【线性渐变】类型，然后在画面的闹钟中间位置按下鼠标左键向下拖动，在蒙版中填充渐变色，编辑填充蒙版后的画面效果如图 11-1 所示。

(14) 按 Shift+Ctrl+S 键，将合成后的图像文件命名为"练习 01.psd"进行保存。

练习总结

将画面中的闹钟进行变形时要有耐心，不要操之过急，草草了事。利用【液化】命令可以将图像制作成任意的扭曲变形效果，在【液化】对话框中有很多工具按钮和参数设置选项，读者可以自己练习一下每个工具对图像产生的扭曲效果。

上机练习 2 文字火圈效果制作

练习目的

- 掌握火焰字的制作方法。
- 了解【极坐标】命令所产生的效果。

练习内容

利用制作火焰字的方法制作文字的火焰效果，并利用【极坐标】命令完成如图 11-11 所示的火圈制作（参见素材文件\练习内容图片\11）。

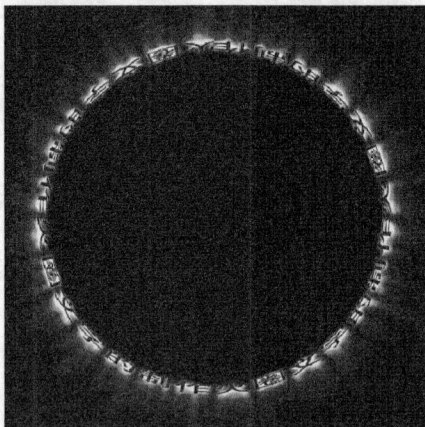

图11-11 绘制完成的文字火圈

操作步骤

(1) 按 Ctrl+N 键，在弹出的【新建】对话框中将文件的【高度】设置为"15 厘米"、【宽度】设置为"15 厘米"、【分辨率】设置为"200 像素/英寸"、【颜色模式】设置为"RGB 颜色"、【背景内容】设置为"黑色"，建立一个新文件。

(2) 将工具箱中的前景色设置为白色，单击工具箱中的 T 工具，在画面中输入如图 11-12 所示的文字。

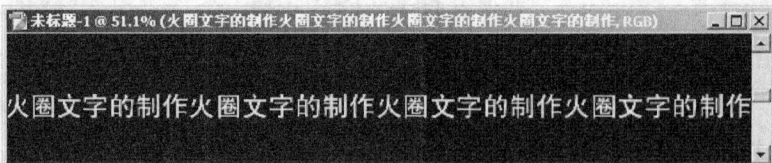

图11-12 输入的文字

(3) 按住 Ctrl 键，在【图层】面板中单击"文字层"，添加选区。

(4) 单击【通道】面板底部的 按钮，将选区存储为通道"Alpha 1"。

(5) 单击【图层】面板，按 Ctrl+D 键去除选区，选择菜单栏中的【图层】/【栅格化】/【文字】命令，将文本层转换成普通层。

(6) 选择菜单栏中的【图像】/【旋转画布】/【90 度（顺时针）】命令，画面中的文字将变为如图 11-13 所示的形态。

(7) 选择菜单栏中的【滤镜】/【风格化】/【风】命令，在弹出的【风】对话框中设置其参数，如图 11-14 所示。

(8) 参数设置完成后，单击 [好] 按钮，连续按两次 Ctrl+F 键，重复【风】命令，生成的文字效果如图 11-15 所示。

(9) 选择菜单栏中的【图像】/【旋转画布】/【90 度（逆时针）】命令，将画布旋转。

(10) 按住 Ctrl 键，在【通道】面板中单击 "Alpha 1"，将通道作为选区载入。

(11) 选择菜单栏中的【选择】/【反选】命令，将载入的选区反选。

(12) 选择菜单栏中的【滤镜】/【扭曲】/【波纹】命令，在弹出的【波纹】对话框中设置其选项及参数，如图 11-16 所示。

图11-13 旋转后的画布　　　　图11-14 【风】对话框　　　　图11-15 文字效果　　　　图11-16 【波纹】对话框

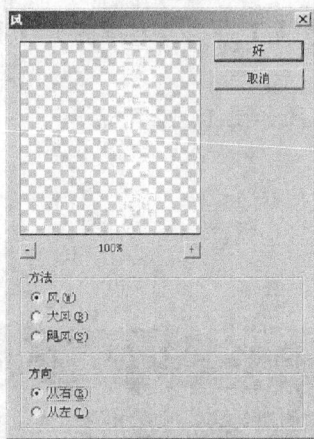

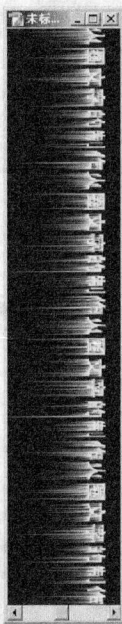

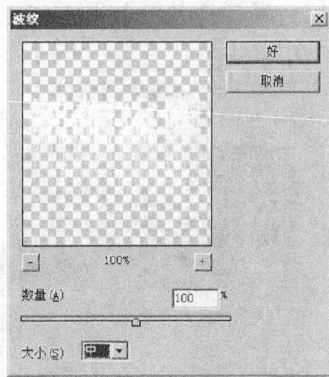

(13) 单击 [好] 按钮，文字效果如图 11-17 所示。

(14) 选择菜单栏中的【滤镜】/【模糊】/【高斯模糊】命令，在弹出的【高斯模糊】对话框中设置其参数，如图 11-18 所示。

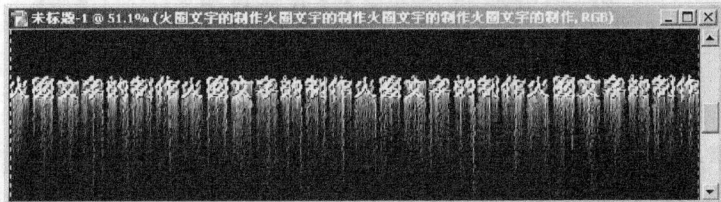

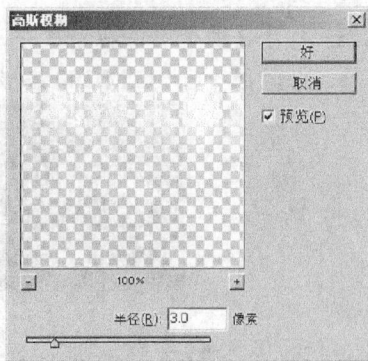

图11-17 文字效果　　　　图11-18 【高斯模糊】对话框

(15) 单击 [好] 按钮，模糊后的文字效果如图 11-19 所示。

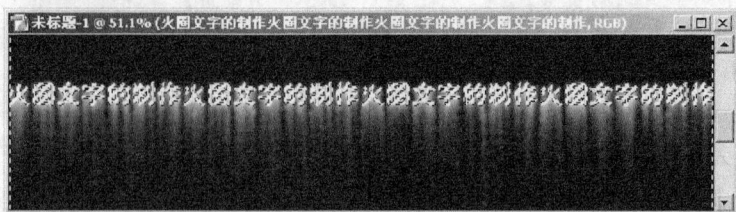

图11-19　模糊后的文字效果

(16) 选择菜单栏中的【图像】/【模式】/【灰度】命令，弹出如图 11-20 所示的【Adobe Photoshop】提示窗口。

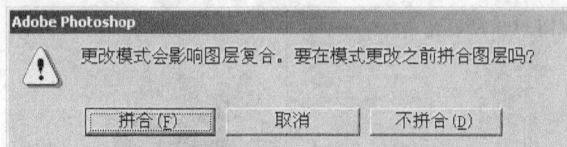

图11-20　【Adobe Photoshop】提示窗口

(17) 单击 拼合(F) 按钮，将图层合并。选择菜单栏中的【图像】/【模式】/【索引颜色】命令，将文件转换成索引模式。

(18) 选择菜单栏中的【图像】/【模式】/【颜色表】命令，在弹出的【颜色表】对话框中设置其参数，如图 11-21 所示。

(19) 单击 好 按钮，制作出的火焰字效果如图 11-22 所示。

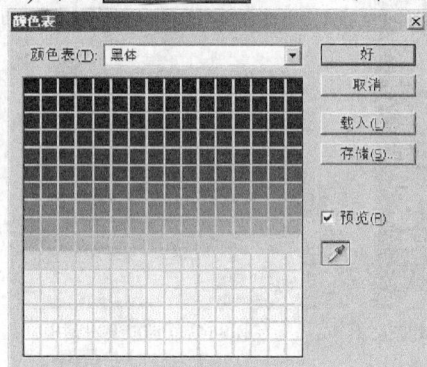

图11-21　【颜色表】对话框

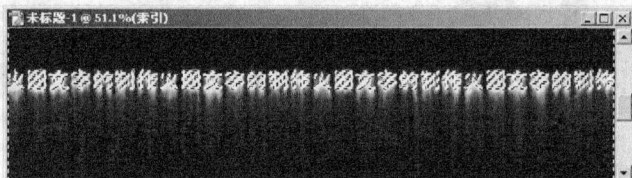

图11-22　制作出的火焰字效果

(20) 选择菜单栏中的【图像】/【模式】/【RGB 模式】命令，将索引模式转换为 RGB 模式。

(21) 打开【通道】面板将文字选区载入，按 Shift+Ctrl+I 键，将选区反选，然后将文字填充上蓝色（C:100,M:100），如图 11-23 所示。

图11-23　转换模式填充颜色后的效果

(22) 按 Ctrl+D 键将选区去除，选择菜单栏中的【滤镜】/【扭曲】/【极坐标】命令，在弹出的【极坐标】对话框中设置其参数，如图 11-24 所示。

(23) 单击 好 按钮，画面中的文字效果如图 11-25 所示。

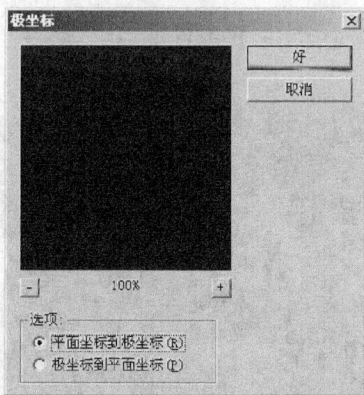

图11-24 【极坐标】对话框

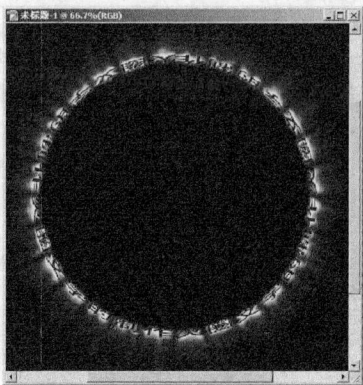

图11-25 文字效果

(24) 利用选区选取绘制的火圈文字，添加变形框后等比例放大，使其适合画面大小，完成火圈文字的制作。

(25) 按 Shift+Ctrl+S 键，将其命名为"练习 02.jpg"进行保存。

练习总结

在制作文字的火焰效果时，将文字选区存储为通道为了在进行火焰效果的添加时不会使文字变形。为了使制作的火焰字成为圆形火圈，文字的长度必须与整个文件的宽度相同。

上机练习3 纹理浮雕效果字制作

本练习将通过纹理浮雕效果字的制作，进一步掌握一系列【滤镜】命令的组合使用方法。

练习目的

- 掌握纹理浮雕效果的制作方法。

练习内容

综合【滤镜】命令制作出如图 11-26 所示的纹理浮雕效果字（参见素材文件\练习内容图片\11）。

图11-26 制作出的纹理浮雕效果字

操作步骤

(1) 按 Ctrl+O 键，打开素材文件中的"图库\11\森林.jpg"图片文件，如图 11-27 所示。

(2) 在【通道】面板中，创建一个新的通道 "Alpha 1"，单击工具箱中的 T 按钮，在画面中输入如图 11-28 所示的白色文字。

图11-27 打开的图片文件

图11-28 输入的文字

(3) 选择菜单栏中的【滤镜】/【模糊】/【高斯模糊】命令，在弹出的【高斯模糊】对话框中设置其参数，如图 11-29 所示。

(4) 参数设置完成后，单击 好 按钮，选择菜单栏中的【滤镜】/【风格化】/【浮雕效果】命令，在弹出的【浮雕效果】对话框中设置参数，如图 11-30 所示。

图11-29 【高斯模糊】对话框

图11-30 【浮雕效果】对话框

(5) 参数设置完成后，单击 好 按钮，文字效果如图 11-31 所示。

(6) 在【通道】面板中将 "Alpha 1" 复制生成 "Alpha 1 副本"。

(7) 选择菜单栏中的【图像】/【调整】/【反相】命令，将画面中的文字反相，如图 11-32 所示。

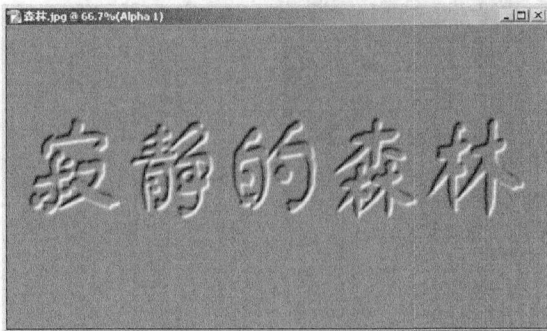
图11-31 文字效果

图11-32 反相后的文字效果

(8) 选择菜单栏中的【图像】/【调整】/【色阶】命令，弹出的【色阶】对话框如图 11-33 所示。

(9) 在【色阶】对话框中选中 按钮，在画面中的灰色位置单击，将灰色背景设置为黑色，设置黑色背景后的画面如图 11-34 所示。

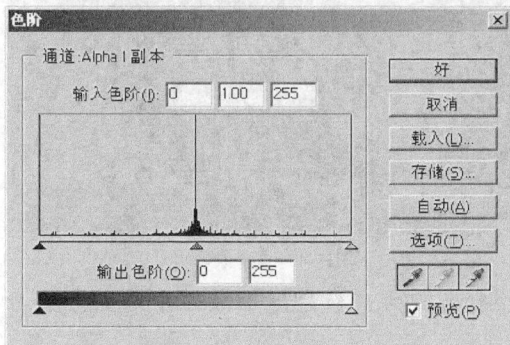

图11-33 【色阶】对话框

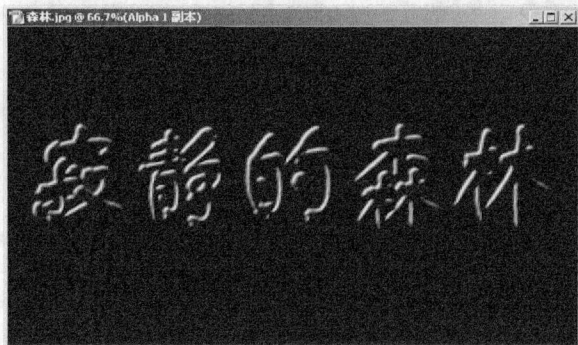

图11-34 设置黑色背景后的画面

(10) 将"Alpha 1"置为当前工作通道，用同样方法，将背景设置为黑色，效果如图 11-35 所示。

(11) 按住 Ctrl 键，在【通道】面板中的"Alpha 1"上单击，添加选区，按 Ctrl+～键，返回【图层】面板，其画面添加的选区形态如图 11-36 所示。

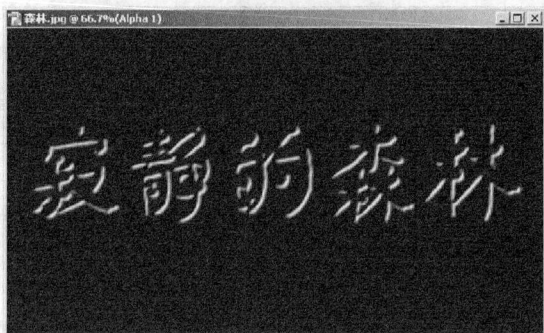

图11-35 设置黑色背景后的画面效果

图11-36 画面中添加的选区形态

(12) 选择菜单栏中的【图像】/【调整】/【色相/饱和度】命令，在弹出的【色相/饱和度】对话框中设置其选项及参数，如图 11-37 所示。

(13) 选项及参数设置完成后，单击 好 按钮，文字效果如图 11-38 所示。

(14) 按住 Ctrl 键，在【通道】面板中的"Alpha 1 副本"上单击，添加选区，按 Ctrl+～键，回到图层显示状态。

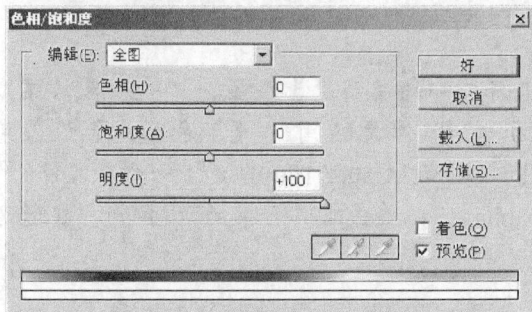

图11-37 【色相/饱和度】对话框

图11-38 文字效果

(15) 按 Ctrl+U 键，在弹出的【色相/饱和度】对话框中设置如图 11-39 所示的选项及参数。

(16) 选项及参数设置完成后，单击 好 按钮，文字效果如图 11-40 所示。

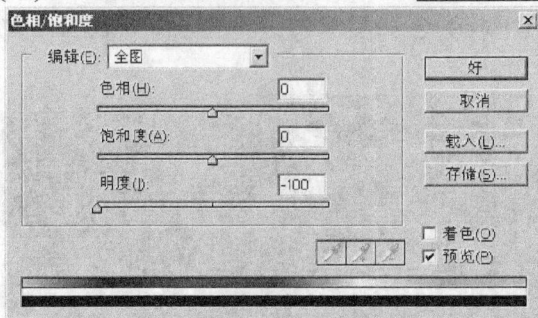

图11-39 【色相/饱和度】对话框

图11-40 文字效果

(17) 选择菜单栏中的【文件】/【存储为】命令，将制作完成的纹理浮雕效果命名为"练习03.jpg"进行保存。

练习总结

在浮雕效果字的制作过程中，首先使用菜单栏中的【滤镜】/【风格化】/【浮雕效果】命令，使文字呈现出灰色的浮雕效果，然后利用【色阶】和【色相/饱和度】命令调整出背景上的浮雕效果。【浮雕效果】对话框中的参数大小将直接决定最后制作的浮雕效果，在设置参数时一定要根据实际的需要进行相应的调整。

上机练习4 金属浮雕效果字制作

本练习将通过金属浮雕效果字的制作，进一步熟练掌握【滤镜】/【渲染】/【光照效果】命令的使用方法和应用技巧。

练习目的

- 掌握光照效果中光源的复制方法。
- 掌握利用【光照效果】命令制作浮雕字的方法。

练习内容

利用【光照效果】命令制作完成如图 11-41 所示的金属浮雕效果字（参见素材文件\练习内容图片\11）。

操作步骤

(1) 按 Ctrl+N 键，在弹出的【新建】对话框中将文件的【高度】设置为"8 厘米"、【宽度】设置为"15 厘米"、【分辨率】设置为"200 像素/英寸"、【颜色模式】设置为"RGB 颜色"、【背景内容】设置为"橘红色"（C:30,M:60,Y:100），建立一个新文件。

(2) 打开【通道】面板，创建一个新的通道"Alpha 1"，单击工具箱中的 T 按钮，在通道中输入如图 11-42 所示的白色文字。

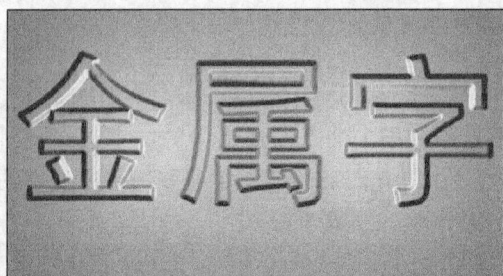

图11-41 制作的金属浮雕效果字

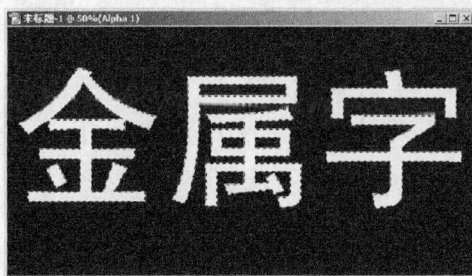

图11-42 输入的文字

(3) 按 Ctrl+D 键去除选区，选择菜单栏中的【滤镜】/【模糊】/【高斯模糊】命令，在弹出的【高斯模糊】对话框中设置其参数，如图 11-43 所示。

(4) 参数设置完成后，单击 好 按钮，将输入的文字进行模糊。

(5) 按 Ctrl+~ 键，返回图层显示状态。

(6) 选择菜单栏中的【滤镜】/【渲染】/【光照效果】命令，在弹出的【光照效果】对话框中设置其选项及参数，如图 11-44 所示。

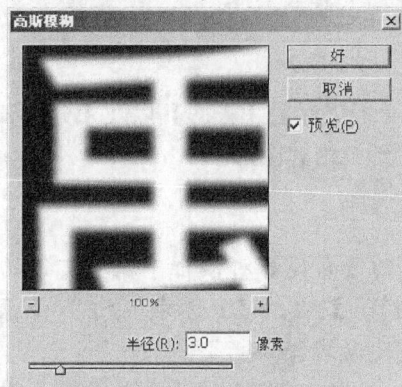

图11-43 【高斯模糊】对话框

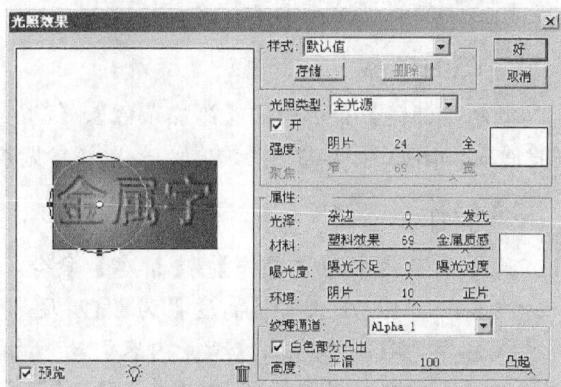

图11-44 【光照效果】对话框

(7) 按住 Alt 键，将鼠标光标放置在光源的中心控制点上，按下鼠标左键向右拖曳复制出另一个光源，其拖曳复制光源状态如图 11-45 所示。

(8) 拖曳复制出的光源到合适的位置后释放鼠标左键，其复制出的另外一个光源形态如图 11-46 所示。

(9) 选项及参数设置完成后，单击 好 按钮，完成金属效果字的制作，最终效果如图 11-41 所示。

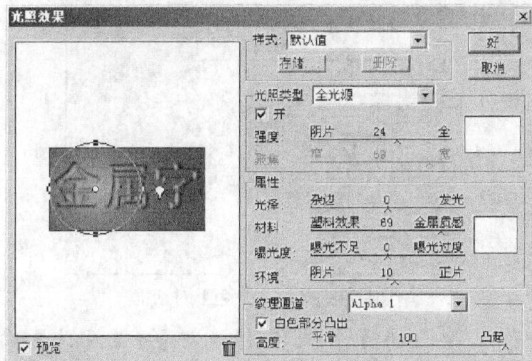

图11-45 拖曳复制光源状态

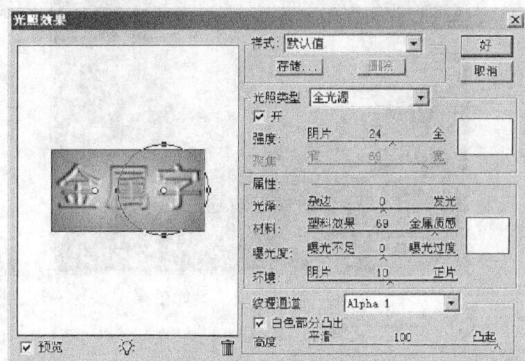

图11-46 复制出的另外一个光源形态

(10) 按 Shift+Ctrl+S 键，将其命名为 "练习 04.jpg" 进行保存。

练习总结

　　在金属浮雕效果字的制作过程中，主要利用【光照效果】命令对通道中的文字进行照射产生浮雕效果，所以光源的调整直接影响所产生的浮雕效果。光照后的颜色主要取决于原文件的背景颜色和光源的颜色，这些内容可以根据自己的想法进行相应的调整。

上机练习5　爆炸效果制作

　　本练习将通过爆炸效果的制作，进一步熟练掌握【滤镜】菜单中的【添加杂色】、【动感模糊】、【极坐标】、【云彩】以及【分层云彩】等命令的综合使用方法和应用技巧。

练习目的

- 掌握爆炸效果的制作方法。

练习内容

　　利用【滤镜】菜单中的【添加杂色】、【动感模糊】、【极坐标】、【云彩】以及【分层云彩】等命令制作出如图 11-47 所示的爆炸效果（参见素材文件\练习内容图片\11）。

操作步骤

(1) 选择菜单栏中的【文件】/【新建】命令，在弹出的【新建】对话框中设置文件的【宽度】为 "12 厘米"、【高度】为 "12 厘米"、【分辨率】为 "150 像素/英寸"、【颜色模式】为 "RGB 颜色"、【背景内容】为 "白色"，创建新文件。

(2) 选择菜单栏中的【滤镜】/【杂色】/【添加杂色】命令，在弹出的【添加杂色】对话框中设置选项及参数，如图 11-48 所示。

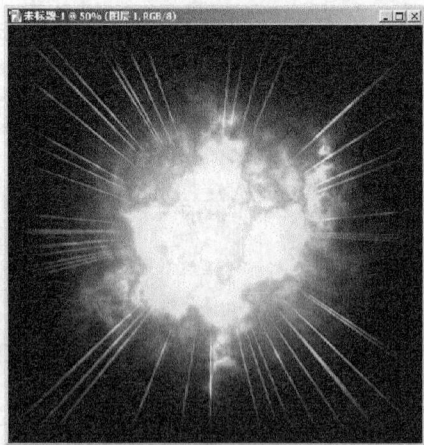

图11-47　制作完成的爆炸效果

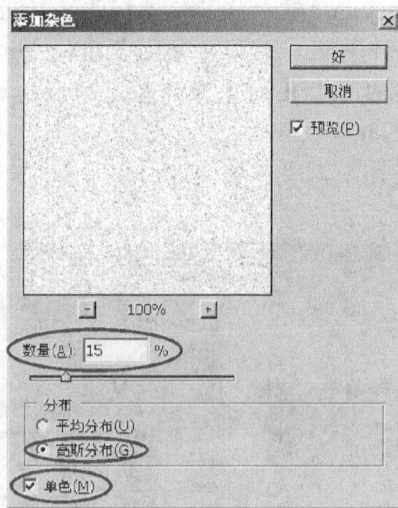

图11-48　【添加杂色】对话框

(3) 单击[　　好　　]按钮进行杂色的添加。选择菜单栏中的【图像】/【调整】/【阈值】命令，在弹出的【阈值】对话框中设置参数，如图 11-49 所示。

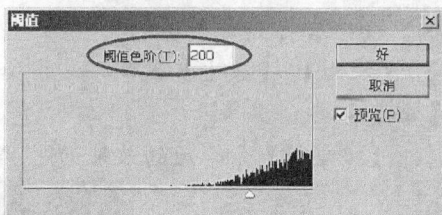

图11-49 【阈值】对话框

(4) 单击 ┌─好─┐ 按钮进行阈值色阶的调整，效果如图 11-50 所示。

(5) 选择菜单栏中的【滤镜】/【模糊】/【动感模糊】命令，弹出【动感模糊】对话框，参数设置如图 11-51 所示。

图11-50 调整阈值色阶后的效果

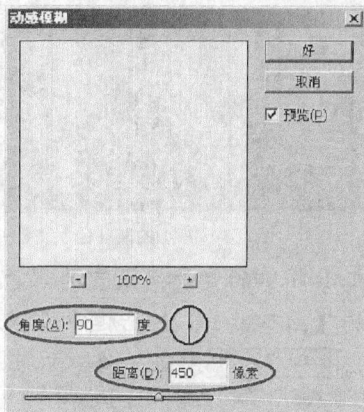

图11-51 【动感模糊】对话框

(6) 单击 ┌─好─┐ 按钮，动感模糊后的效果如图 11-52 所示。选择菜单栏中的【图像】/【调整】/【反相】命令，对画面进行反相显示，如图 11-53 所示。

图11-52 模糊后的画面效果

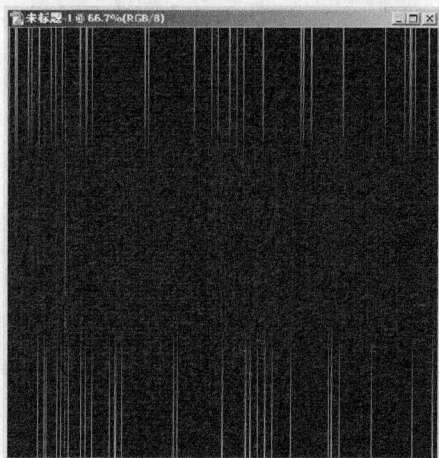

图11-53 反相显示后的画面效果

(7) 在【图层】面板中新建 "图层 1"，按 D 键，将工具箱中的前景色和背景色分别设置为默认的黑色和白色。

(8) 单击工具箱中的 ▨ 按钮，确认属性栏中的 ▨ 按钮被选中，按住 Shift 键，在画面中按住鼠标左键由下向上拖曳添加前景到背景的渐变色。

(9) 将 "图层 1" 的图层【混合模式】设置为 "滤色"，更改混合模式后的效果如图 11-54 所示。

(10) 按 Ctrl+E 键，将"图层1"向下合并到背景层中。

(11) 选择菜单栏中的【滤镜】/【扭曲】/【极坐标】命令，在弹出的【极坐标】对话框中选中【平面坐标到极坐标】单选按钮。

(12) 单击 好 按钮，选择【极坐标】命令后的效果如图 11-55 所示。

图11-54 添加的渐变色

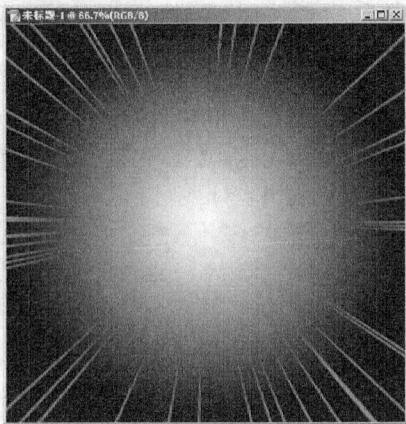

图11-55 选择【极坐标】命令后的效果

(13) 将工具箱中的背景色设置为黑色。选择菜单栏中的【图像】/【画布大小】命令，在弹出的【画布大小】对话框中设置选项及参数，如图 11-56 所示。

(14) 单击 好 按钮，调整画布大小后的画面如图 11-57 所示。

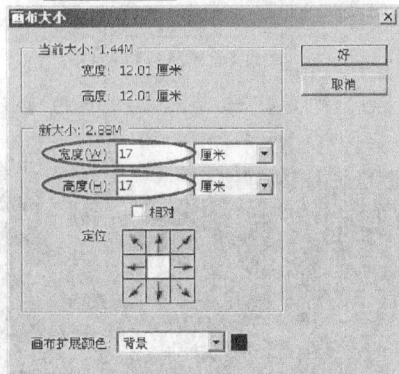

图11-56 【画布大小】对话框

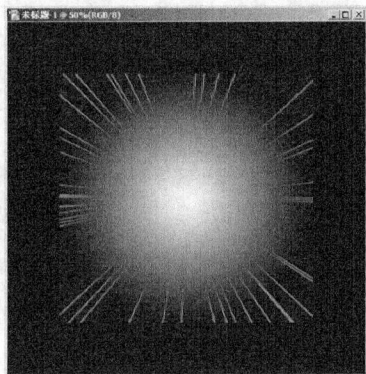

图11-57 调整画布大小后的画面

(15) 选择菜单栏中的【滤镜】/【模糊】/【径向模糊】命令，在弹出的【径向模糊】对话框中设置各选项及参数，如图 11-58 所示。

(16) 单击 好 按钮，径向模糊后的画面效果如图 11-59 所示。

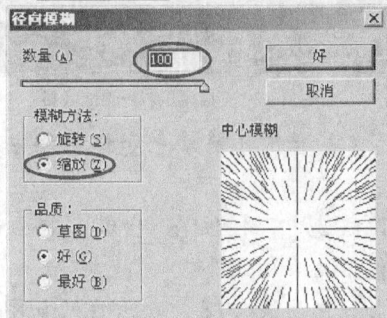

图11-58 【径向模糊】对话框

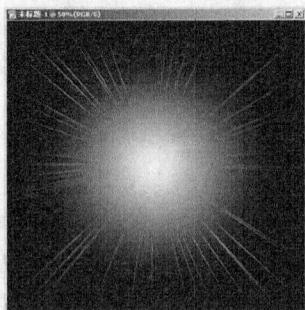

图11-59 模糊后的效果

(17) 按 $\boxed{Ctrl}+\boxed{U}$ 键，在弹出的【色相/饱和度】对话框中设置参数，如图 11-60 所示。

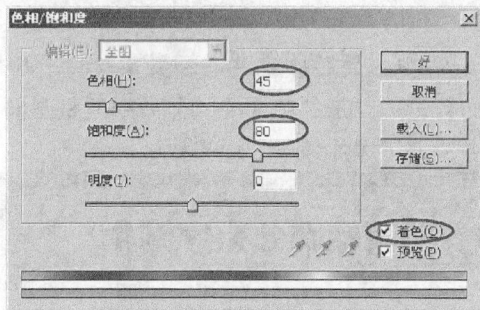

图11-60 【色相/饱和度】对话框

(18) 单击 $\boxed{好}$ 按钮，调整色相及饱和度后的效果如图 11-61 所示。新建"图层 1"，设置工具箱中的前景色和背景色分别为黑色和白色。

(19) 选择菜单栏中的【滤镜】/【渲染】/【云彩】命令，为"图层 1"添加前景色与背景色混合而成的云彩效果，如图 11-62 所示。

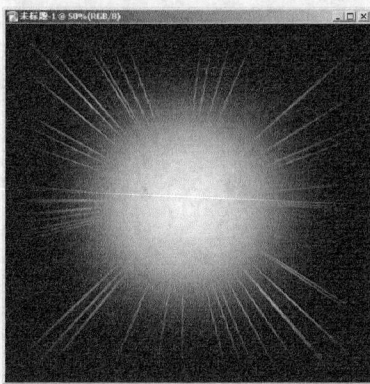

图11-61 调整色相及饱和度后的效果

图11-62 添加的云彩效果

(20) 将"图层 1"的图层【混合模式】设置为"颜色减淡"，更改混合模式后的效果如图 11-63 所示。

(21) 选择菜单栏中的【滤镜】/【渲染】/【分层云彩】命令，为"图层 1"添加分层云彩，效果如图 11-64 所示。

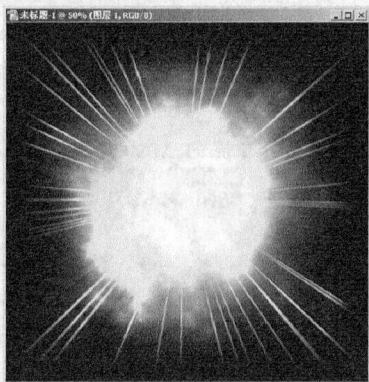

图11-63 更改混合模式后的效果

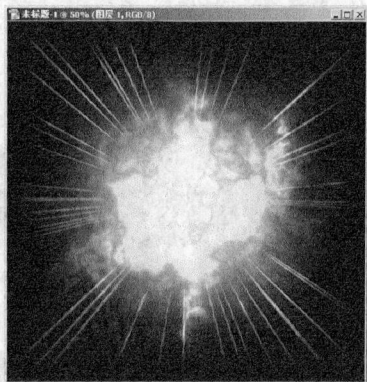

图11-64 制作的爆炸效果

(22) 至此，爆炸效果制作完成，按 $\boxed{Ctrl}+\boxed{E}$ 键进行图层的合并。

(23) 按 $\boxed{Shift}+\boxed{Ctrl}+\boxed{S}$ 键，将其命名为"练习 05.jpg"进行保存。

练习总结

在本例爆炸效果的制作过程中，最后总效果是否漂亮取决于两个方面，一是利用【添加杂色】命令在画面中添加杂色的数量，二是利用【阈值】命令调整画面的阈值色阶参数是否恰当。最后使用的【分层云彩】命令决定了爆炸效果的爆炸程度。

上机练习6　透明塑料效果字制作

本练习将利用【动感模糊】以及【查找边缘】命令来制作一种透明塑料效果字。

练习目的

- 掌握透明塑料效果字的制作方法。

练习内容

利用【动感模糊】以及【查找边缘】命令，制作出如图 11-65 所示的透明塑料效果字（参见素材文件\练习内容图片\11）。

图11-65　制作完成的透明塑料效果字

操作步骤

(1) 按 Ctrl+N 键，在弹出的【新建】对话框中将文件的【高度】设置为"20 厘米"、【宽度】设置为"10 厘米"、【分辨率】设置为"72 像素/英寸"、【颜色模式】设置为"RGB颜色"、【背景内容】设置为"白色"，建立一个新文件。

(2) 打开【通道】面板，创建一个新的通道"Alpha 1"，单击工具箱中的 T 按钮，在通道中输入如图 11-66 所示的白色文字。

(3) 按 Ctrl+D 键去除选区，选择菜单栏中的【滤镜】/【模糊】/【动感模糊】命令，在弹出的【动感模糊】对话框中设置其参数，如图 11-67 所示。

图11-66　输入的文字

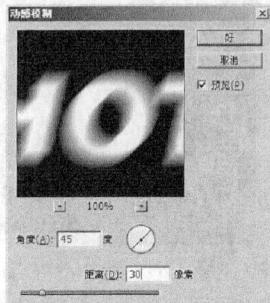

图11-67　【动感模糊】对话框

(4) 参数设置完成后，单击 好 按钮，产生的文字画面效果如图 11-68 所示。

图11-68 动感模糊后的文字画面效果

(5) 选择菜单栏中的【滤镜】/【风格化】/【查找边缘】命令，产生的画面效果如图 11-69
    所示。

图11-69 查找边缘后的画面效果

(6) 按住 Ctrl 键，单击 "Alpha 1" 通道，载入选区，画面形态如图 11-70 所示。

(7) 按 Ctrl+~ 键，返回到图层显示状态，并新建 "图层 1"。

(8) 单击工具箱中的■按钮，确认激活属性栏中的■按钮，然后在【渐变编辑器】窗口的
    【预设】栏中设置【色谱】渐变色。

(9) 按 Shift+Ctrl+I 键，将选区反选，然后在画面中自左向右给选区多次渐变色谱颜色，效
    果如图 11-71 所示。

图11-70 添加的选区形态

图11-71 渐变色谱颜色后的文字效果

(10) 去除选区后，将背景层填充黑色，制作完成的透明塑料效果字如图 11-65 所示。

(11) 按 Shift+Ctrl+S 键，将其命名为 "练习 06.psd" 进行保存。

练习总结

在制作这种效果字时，文字的字体设置和【动感模糊】参数大小的设置都会影响到最终制
作的效果，在制作时要注意这两点。再者，在给选区进行色谱颜色渐变时，渐变一次可能达不到
需要的效果，可以进行多次颜色渐变直到对效果满意为止。读者也可以利用画笔选择需要的颜色
进行局部喷绘，还会出现更加漂亮的效果。

上机练习7 艺术边框效果制作

本练习将通过各种类型的艺术边框制作，进一步熟练掌握【滤镜】菜单中的【玻璃】、【晶
格化】、【彩色半调】以及【喷色描边】等命令的使用方法和应用技巧。

练习目的

* 掌握各种艺术边框效果的制作方法。

练习内容

利用【滤镜】菜单中的【玻璃】、【晶格化】、【彩色半调】以及【喷色描边】等命令制作各种类型的艺术边框效果。

操作步骤

(1) 打开素材文件中的"图库\11\婚纱.jpg"图片文件。

(2) 按 Ctrl+J 键,将背景层复制生成"图层 1",然后为背景层填充白色,并设置"图层1"为当前工作层。

(3) 按 D 键,将工具箱中的背景色设置为白色。选择菜单栏中的【图像】/【画布大小】命令,在弹出的【画布大小】对话框中设置选项及参数,如图 11-72 所示。

(4) 单击 好 按钮,将照片的画布增大,效果如图 11-73 所示。

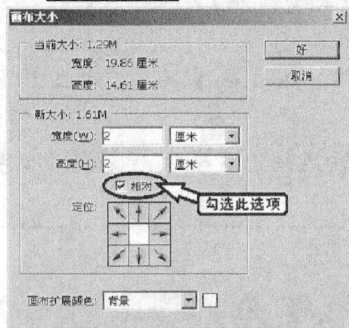

图11-72 【画布大小】对话框

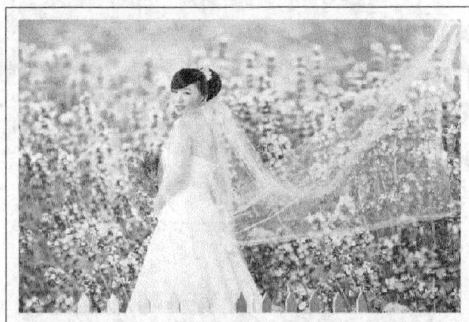

图11-73 调整画布后的照片大小显示

(5) 按住 Ctrl 键,单击"图层 1"进行选区的载入,单击【图层】面板底部的 按钮进行图层蒙版的添加。

(6) 选择菜单栏中的【滤镜】/【模糊】/【高斯模糊】命令,在弹出的【高斯模糊】对话框中将【半径】的设置为"40 像素",单击 好 按钮,对图像进行模糊处理。

(7) 按住 Ctrl 键,单击"图层 1"右侧添加的蒙版进行选区的载入,如图 11-74 所示。

图11-74 选区的载入

(8) 选择菜单栏中的【选择】/【反选】命令,将载入的选区反选,如图 11-75 所示。

(9) 设置工具箱中的前景色为黑色,然后连续按 5 次 Alt+Delete 键进行填充,填充后的效果如图 11-76 所示。

图11-75　反选后的选区

图11-76　选区填充黑色后的效果

(10) 按 Ctrl+D 键去除选区。至此，艺术边框效果制作前的准备工作已经完成。

下面利用不同的【滤镜】命令进行多种艺术边框效果的制作。每完成一种艺术边框效果的制作后都要将文件及时保存。在进行另外一种艺术边框效果的制作前，首先要进行操作步骤的撤销，回到没有添加滤镜时的原始效果，在下面的操作中将不再提示保存文件。

(11) 选择菜单栏中的【滤镜】/【扭曲】/【玻璃】命令，在弹出的【玻璃】对话框中设置【纹理】为"微晶体"，其他参数设置如图 11-77 所示。

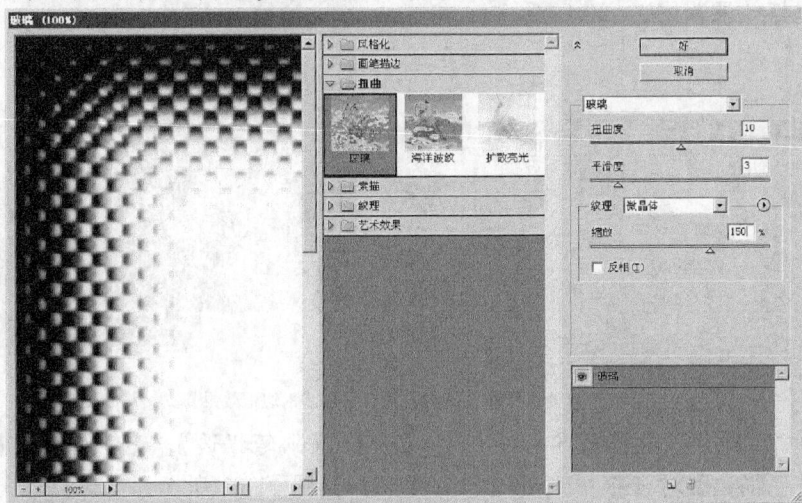
图11-77　【玻璃】对话框

(12) 单击 好 按钮，边框效果如图 11-78 所示。

图11-78　完成的艺术边框效果

(13) 在【玻璃】对话框中设置【纹理】为"块状"，单击 [好] 按钮，更改【纹理】
选项后得到的另外一种艺术边框效果如图 11-79 所示。

图11-79 完成的艺术边框效果

(14) 撤销第(13)步操作。选择菜单栏中的【滤镜】/【像素化】/【彩色半调】命令，在弹出
的【彩色半调】对话框中设置参数后单击 [好] 按钮，【彩色半调】对话框与对应
的艺术边框效果如图 11-80 所示。

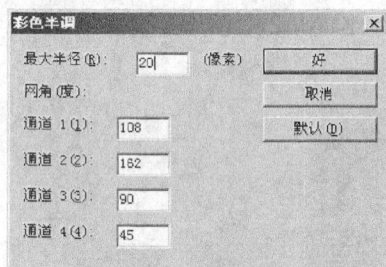

图11-80 【彩色半调】对话框与艺术边框效果

(15) 撤销第(14)步操作。选择菜单栏中的【滤镜】/【画笔描边】/【喷色描边】命令，在弹
出的【喷色描边】对话框中设置选项及参数，如图 11-81 所示。

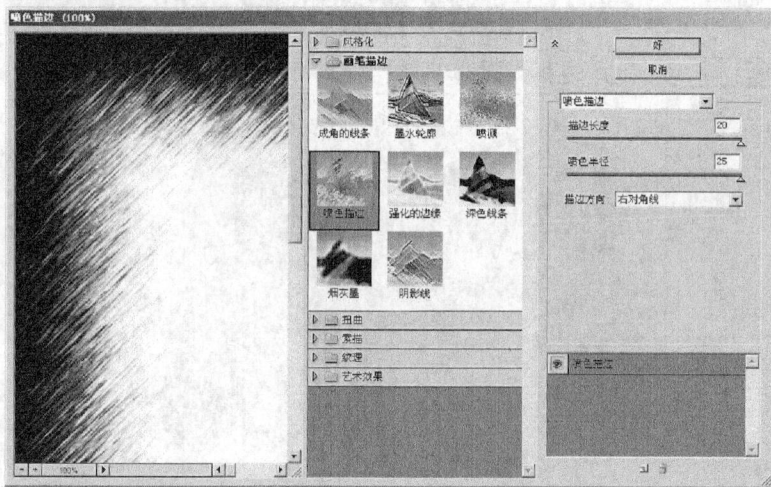

图11-81 【喷色描边】对话框

(16) 单击 [好] 按钮，完成的照片艺术边框效果如图 11-82 所示。

图11-82 完成的照片艺术边框效果

练习总结

在本例艺术边框效果制作中，蒙版的添加非常重要，添加图层蒙版后图像边缘的羽化程度决定了艺术边框效果的大小。

上机练习8 制作光影漩涡

本练习将利用【渐变】工具并结合【海洋波纹】命令来制作光影漩涡效果。

练习目的

- 了解【海洋波纹】命令所产生的效果。
- 了解【水波】命令所产生的效果。

练习内容

利用【渐变】工具并结合【海洋波纹】命令制作出如图 11-83 所示的光影漩涡效果（参见素材文件\练习内容图片\11）。

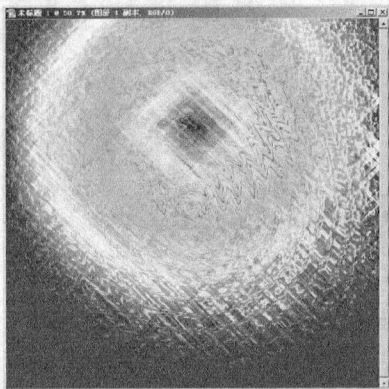

图11-83 制作完成的光影漩涡

操作步骤

(1) 按 Ctrl+N 键，在弹出的【新建】对话框中将文件的【高度】设置为"20 厘米"、【宽度】设置为"20 厘米"、【分辨率】设置为"150 像素/英寸"、【颜色模式】设置为"RGB 颜色"、【背景内容】设置为"白色"，建立一个新文件。

(2) 单击工具箱中的 ▓ 按钮，激活属性栏中的 ▓ 按钮，在属性栏中的 ▓▓▓ 按钮上单击，弹出【渐变编辑器】窗口，设置渐变颜色参数，如图 11-84 所示，然后单击 好 按钮。

(3) 将鼠标光标移动到画面的上方中间位置，自下而上拖曳鼠标，为"背景"层填充设置的径向渐变色，效果如图 11-85 所示。

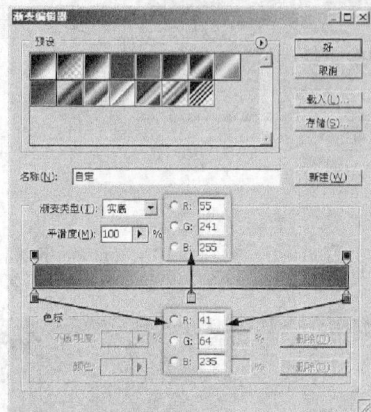

图11-84 【渐变编辑器】窗口

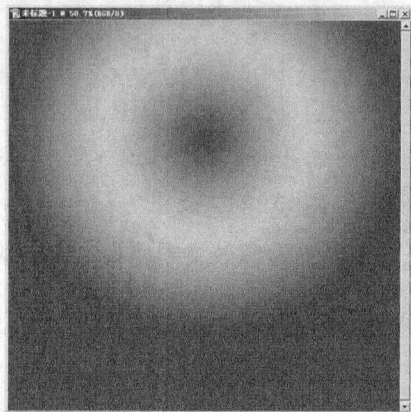

图11-85 填充渐变色后的效果

(4) 选择菜单栏中的【滤镜】/【扭曲】/【海洋波纹】命令，弹出【海洋波纹】对话框，设置各项参数，如图 11-86 所示。

图11-86 【海洋波纹】对话框

(5) 单击 好 按钮，效果如图 11-87 所示。

(6) 选择菜单栏中的【滤镜】/【扭曲】/【水波】命令，弹出【水波】对话框，参数设置如图 11-88 所示。

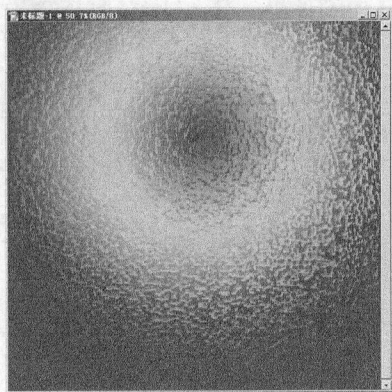

图11-87 完成的海洋波纹效果

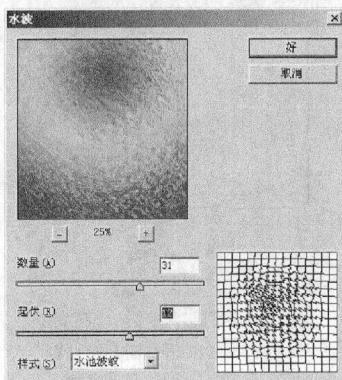

图11-88 【水波】对话框

(7) 单击 好 按钮，效果如图 11-89 所示。

(8) 选择菜单栏中的【选择】/【色彩范围】命令，确认【色彩范围】对话框中的 按钮处于选中状态，然后将鼠标光标移动到图像中如图 11-90 所示的位置单击，吸取色样。

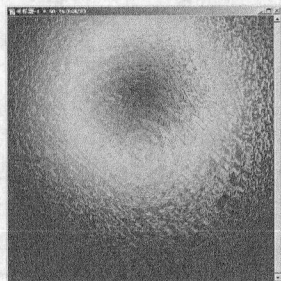

图11-89 完成的水波效果

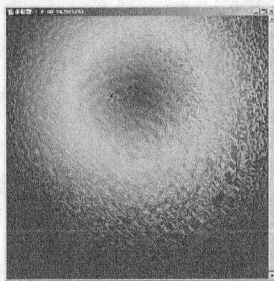

图11-90 单击鼠标的位置

(9) 在【颜色容差】文本框中输入数值（或拖动其下方的三角滑块）调整选取的色彩范围，将其参数设置为"70"，如图 11-91 所示。

(10) 单击 好 按钮，此时图像文件中生成的选区如图 11-92 所示。

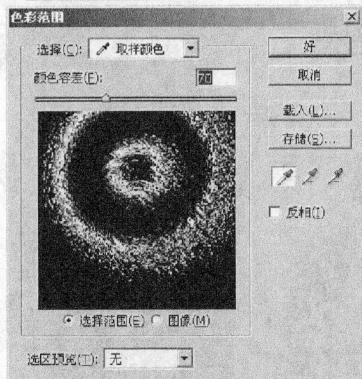

图11-91 【色彩范围】对话框

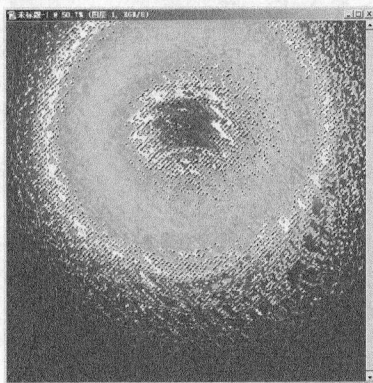

图11-92 添加的选区

(11) 按 Ctrl+J 键，将选区中的内容通过复制生成"图层 1"，然后将"图层 1"复制生成"图层 1 副本"层。

(12) 将"图层 1 副本"设置为当前层，然后选择菜单栏中的【滤镜】/【模糊】/【动感模糊】命令，弹出【动感模糊】对话框，参数设置如图 11-93 所示。

(13) 单击 好 按钮，效果如图 11-94 所示。

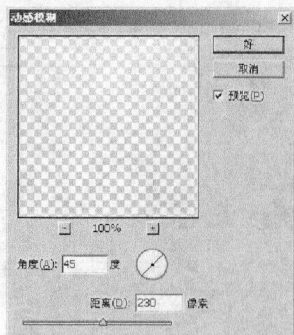
图11-93 【动感模糊】对话框

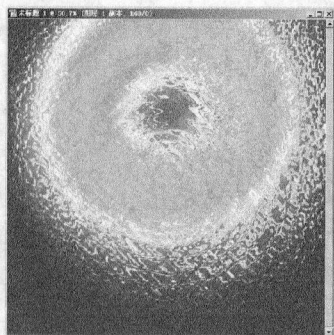
图11-94 动感模糊后的效果

(14) 将"图层"设置为当前层，然后选择菜单栏中的【滤镜】/【模糊】/【动感模糊】命令，弹出【动感模糊】对话框，参数设置如图 11-95 所示。

(15) 单击　　好　　按钮，效果如图 11-96 所示。

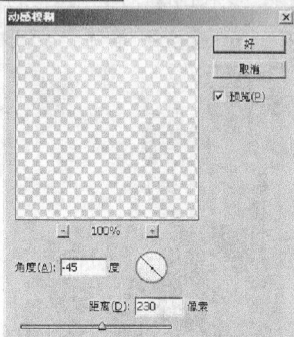
图11-95 【动感模糊】对话框

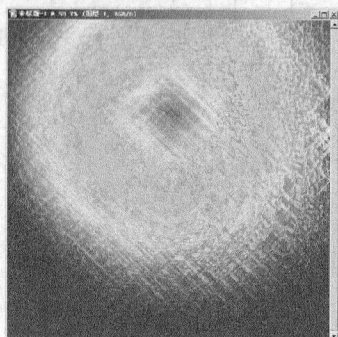
图11-96 动感模糊后的效果

(16) 按 Shift+Ctrl+Alt+E 键盖印图层，然后选择菜单栏中的【滤镜】/【锐化】/【USM 锐化】命令，弹出【USM 锐化】对话框，设置各项参数，如图 11-97 所示。

(17) 单击　　好　　按钮，效果如图 11-98 所示。

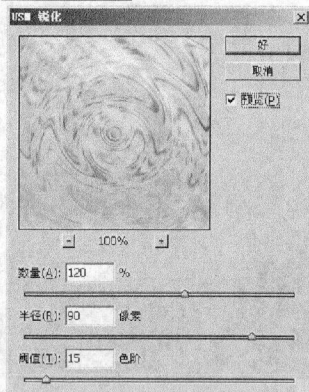
图11-97 【USM 锐化】对话框

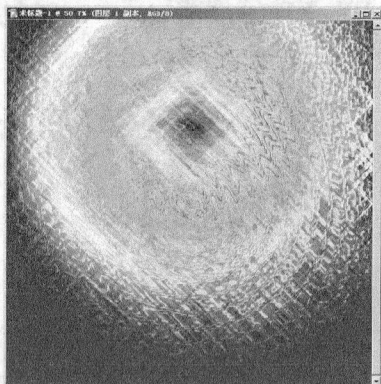
图11-98 USM 锐化后的效果

(18) 按 Shift+Ctrl+S 键，将此文件命名为"练习 08.psd"进行保存。

练习总结

在本例光影漩涡效果制作中，渐变颜色填充非常重要，渐变一次可能达不到需要的效果，可以进行多次颜色渐变直到对效果满意为止。